BestMasters

Lisa Teresa Weinbrenner

Charakterisierung von Wartezeiten in verschiedenen Modellen von Quantennetzwerken

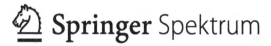

Lisa Teresa Weinbrenner
Bad Marienberg, Deutschland

ISSN 2625-3577 ISSN 2625-3615 (electronic)
BestMasters
ISBN 978-3-658-43266-9 ISBN 978-3-658-43267-6 (eBook)
https://doi.org/10.1007/978-3-658-43267-6

Die Deutsche Nationalbibliothek verzeichnet diese Publikation in der Deutschen Nationalbibliografie; detaillierte bibliografische Daten sind im Internet über http://dnb.d-nb.de abrufbar.

Planung/Lektorat: Marija Kojic
Springer Spektrum ist ein Imprint der eingetragenen Gesellschaft Springer Fachmedien Wiesbaden GmbH und ist ein Teil von Springer Nature.
Die Anschrift der Gesellschaft ist: Abraham-Lincoln-Str. 46, 65189 Wiesbaden, Germany

Das Papier dieses Produkts ist recyclebar.

Inhaltsverzeichnis

Einleitung 1

In der heutigen Zeit ist das Internet nicht mehr aus unserer Gesellschaft wegzudenken. Die Grundlage der heutigen Kommunikation ist die Übermittlung elektromagnetischer Signale über lange Strecken. Gleichzeitig soll die Kommunikation aber auch möglichst sicher ablaufen. Da Quantenkryptographie beweisbar sicher ist, stellt sich die Frage, ob sich statt elektromagnetischer Signale nicht auch Quantenzustände versenden lassen. Diese Idee einfach umzusetzen, scheitert jedoch an der Tatsache, dass der Erfolg der Übermittlung von z. B. Photonen exponentiell in der Länge der Übertragung skaliert. Quantenzustände lassen sich also nicht „einfach versenden".

Aus diesem Grund stellten Briegel, Dür, Cirac und Zoller 1998 das sogenannte Repeater-Protokoll vor. Statt die Übertragung eines Qubits direkt über eine lange Strecke zu versuchen, werden zunächst über kürzere Strecken Zustände ausgetauscht und diese anschließend durch einen Verschränkungsaustausch verbunden [2]. Während dieses Protokoll das Problem umgeht, dass die Übertragungswahrscheinlichkeit über weite Strecken verschwindend gering ist, wirft es neue Fragen auf. Da die Übertragung der Zustände auf den einzelnen kurzen Strecken trotz der Kürze der Strecken fehlerbehaftet ist und die Erzeugung der versendeten Quantenzustände ebenfalls nur mit einer gewissen Wahrscheinlichkeit gelingt, wird es einige Zeit dauern, bis über alle kurzen Strecken ein Quantenzustand ausgetauscht wurde. Gleichzeitig ist die Speicherung der versendeten Zustände auch fehlerbehaftet und die gespeicherten Zustände zerfallen langsam aufgrund von Dekohärenz. Gelingt es nun, auf allen kurzen Strecken einen Quantenzustand zu speichern und so einen Verschränkungsaustausch prinzipiell zu ermöglichen, so gelingt dieser nur mit einer gewissen Wahrscheinlichkeit. Wenn der Austauschversuch fehlschlägt, werden die gespeicherten Verbindungen gelöscht und es muss von neuem begonnen werden.

© Der/die Autor(en), exklusiv lizenziert an Springer Fachmedien Wiesbaden GmbH, 1
ein Teil von Springer Nature 2023
L. T. Weinbrenner, *Charakterisierung von Wartezeiten in verschiedenen Modellen von Quantennetzwerken*, BestMasters,
https://doi.org/10.1007/978-3-658-43267-6_1

Insgesamt ist also die Frage nach der Dauer, bis eine lange Verbindung aus einige kürzeren erzeugt wurde, nicht trivial.

In der Folge wurde analysiert, wie lange diese Dauer oder Wartezeit im Durchschnitt sein wird. So berechneten Collins, Jenkins, Kuzmich und Kennedy 2007 die Wartezeit für zwei kurze Verbindungen, die für eine bestimmte Zeit gespeichert werden können [3]. Diese Berechnung kann unter Verwendung einer leichten Näherung auch auf beliebig viele Verbindungen erweitert werden [4]. Shchukin, Schmidt und van Loock verwendeten 2019 schließlich Markow-Ketten, um die zeitliche Entwicklung des Versendens und der Speicherung der Zustände zu beschreiben [5]. Auch hier wurde für die versendeten Zustände eine endliche, feste Speicherzeit angenommen. In der vorliegenden Arbeit wird nun insbesondere der Frage nachgegangen, wie die Wartezeit berechnet werden kann, wenn die Speicherung der versendeten Zustände nicht durch eine feste Speicherdauer, sondern durch einen stochastischen Prozess beschrieben wird.

Ebenfalls von Collins et al. wurde das sogenannte Multiplexverfahren vorgestellt. Bei diesem Verfahren werden statt einer kurzen Verbindung zwischen zwei Stationen mehrere kurze parallele Verbindungen verwendet. Diese Parallelität erhöht einerseits die Wahrscheinlichkeit, einen Zustand erfolgreich zu versenden. Gleichzeitig können mehrere Zustände zur selben Zeit gespeichert werden, so dass bei einem fehlgeschlagenen Versuch, zwei kurze Strecken zu verbinden, direkt ein neuer Zustand für den nächsten Versuch zur Verfügung steht. Die Frage ist, wie ein solches System modelliert werden kann und wie die Wartezeit, bis zwei kurze Verbindungen zu einer langen verbunden werden, berechnet werden kann. In der vorliegenden Arbeit wird eine mögliche Modellierung vorgestellt, die die zwei Verbindungen ähnlich zu einem chemischen Reaktionsnetzwerk [6] auffasst und die benötigten Größen mithilfe von Tensortrains (auch Matrix-Produkt-Zustände genannt) berechnet [7].

Die Arbeit gliedert sich daher in die folgenden Teile: Zunächst werden einige Grundbegriffe der Quantenmechanik und für Quantennetzwerke in Kapitel 2 erläutert und definiert, sowie das Repeater-Protokoll von Briegel et al. vorgestellt. Anschließend wird in Kapitel 3 eine kurze Einführung in die stochastischen Grundlagen der späteren Berechnungen gegeben. Die hier gezeigten mathematischen Aussagen werden zudem verwendet, um einige grundlegende Eigenschaften zu beweisen, die Netzwerken verschiedener Modellierungen gemein sind. Die weiteren Kapitel behandeln dann die Berechnung von Wartezeiten in verschiedenen Modellen von Quantenetzwerken.

Zunächst wird in Kapitel 4 das Modell von Collins et al. und die Verallgemeinerung auf beliebig viele Verbindungen vorgestellt. Dieses Kapitel beschäftigt sich also mit dem Modell, in dem der Quantenspeicher einen versendeten Zustand für eine endliche, feste Speicherdauer erhalten kann. Anschließend wird in Kapitel 5 die Wartezeit für ein Netzwerk berechnet, in dem die Speicherung der Zustände geometrisch verteilt ist. Dazu wird die Idee von Shchukin et al., Markow-Ketten zur Beschreibung der zeitlichen Entwicklung des Netzwerkes zu verwenden, auf ein Modell mit probabilistischem Quantenspeicher übertragen.

Im abschließenden Kapitel 6 wird dann die Modellierung eines Systems aus zwei Verbindungen mit Multiplexverfahren vorgestellt. Dazu werden die zwei Verbindungen als chemisches Reaktionsnetzwerk aufgefasst und mit Hilfe von Tensortrains die zeitliche Entwicklung dieses Netzwerks bestimmt. Hier wird gezeigt, dass dieser neue Ansatz eine effiziente Berechnung der Wartezeiten in einem Netzwerk mit Multiplexverfahren ermöglicht. Zudem wird demonstriert, wie die Wartezeit von den unterschiedlichen Komponenten des Quantennetzwerkes abhängt. Dies ist insbesondere für die Frage interessant, welche der Komponenten möglichst optimiert werden sollte.

Einführung und Grundlagen zu Netzwerken 2

2.1 Quantenmechanische Zustände und Verschränkung

Zunächst wird hier eine kurze Einführung in die benötigten Grundlagen aus der Quantenmechanik gegeben. Für eine ausführlichere Einführung sei z. B. auf das Buch von Heinosaari und Ziman [8] verwiesen.

Grundsätzlich lässt sich der Zustand eines quantenmechanischen Systems durch einen normierten Vektor $|\psi\rangle$ in einem Hilbertraum $\mathcal{H}$ beschreiben. Ein Hilbertraum ist ein Vektorraum, der mit einem Skalarprodukt $\langle \cdot, \cdot \rangle$ versehen und bezüglich der von diesem Skalarprodukt induzierten Norm

$$||\psi|| = \sqrt{\langle \psi | \psi \rangle} \tag{2.1}$$

vollständig ist. Ein solcher Zustand $|\psi\rangle$ des Systems heißt *rein*.

Allgemeiner kann der Zustand eines Systems durch eine *Dichtematrix* beschrieben werden. Befindet sich das System mit Wahrscheinlichkeit p_k im Zustand $|\psi_k\rangle$, so wird das System durch

$$\rho = \sum_k p_k |\psi_k\rangle\langle\psi_k| \tag{2.2}$$

beschrieben. Die Matrix ρ ist hermitesch, da die Projektionen $|\psi_k\rangle\langle\psi_k|$ hermitesch und die Wahrscheinlichkeiten reell sind. Zudem besitzt sie Spur 1 und ist positiv semi-definit $\rho \geq 0$, d. h. alle Eigenwerte von ρ sind nicht-negativ.

© Der/die Autor(en), exklusiv lizenziert an Springer Fachmedien Wiesbaden GmbH, ein Teil von Springer Nature 2023
L. T. Weinbrenner, *Charakterisierung von Wartezeiten in verschiedenen Modellen von Quantennetzwerken*, BestMasters,
https://doi.org/10.1007/978-3-658-43267-6_2

Eine *Messung* A auf einem quantenmechanischen System kann durch eine hermitesche Matrix beschrieben werden. Hermitesche Matrizen sind diagonalisierbar, wobei die Eigenwerte λ_i reell und die Eigenvektoren $|\alpha_i\rangle$ orthonormiert sind, d. h. es gilt $\langle\alpha_i|\alpha_j\rangle = \delta_{ij}$. Die Matrix A lässt sich damit als Kombination von Projektionen schreiben

$$A = \sum_i \lambda_i |\alpha_i\rangle\langle\alpha_i|. \tag{2.3}$$

Wird eine Messung an dem System durchgeführt, so erhält man einen der Eigenwerte als Messergebnis und das System geht in den zugehörigen Eigenzustand über.

Befindet sich das System in dem Zustand $|\psi_k\rangle$, so ist die Wahrscheinlichkeit, bei der Messung von A das Ergebnis λ_i zu erhalten, durch den Überlapp zwischen $|\psi_k\rangle$ und $|\alpha_i\rangle$ gegeben:

$$p(\lambda_i) = |\langle\alpha_i|\psi_k\rangle|^2 = \langle\alpha_i|\psi_k\rangle\langle\psi_k|\alpha_i\rangle. \tag{2.4}$$

Damit ergibt sich für ein System im Zustand ρ die Wahrscheinlichkeit, das Ergebnis λ_i zu messen, als

$$p(\lambda_i) = \sum_k p_k\langle\alpha_i|\psi_k\rangle\langle\psi_k|\alpha_i\rangle = \langle\alpha_i|\rho|\alpha_i\rangle = \mathrm{Tr}[\rho|\alpha_i\rangle\langle\alpha_i|]. \tag{2.5}$$

Ein paar häufig verwendete Messungen sind die Spin-Messungen in x, y und z-Richtung. Da diese im Folgenden verwendet werden, sind sie hier kurz angegeben. Diese Messungen werden durch die *Pauli-Matrizen*

$$\sigma_x = \begin{pmatrix} 0 & 1 \\ 1 & 0 \end{pmatrix}, \ \sigma_y = \begin{pmatrix} 0 & -i \\ i & 0 \end{pmatrix} \text{ und } \sigma_z = \begin{pmatrix} 1 & 0 \\ 0 & -1 \end{pmatrix} \tag{2.6}$$

beschrieben. Diese Matrizen besitzen jeweils die Eigenwerte $+1$ und -1. Die Eigenvektoren von σ_z werden mit

$$|0\rangle = \begin{pmatrix} 1 \\ 0 \end{pmatrix} \text{ und } |1\rangle = \begin{pmatrix} 0 \\ 1 \end{pmatrix} \tag{2.7}$$

bezeichnet und bilden eine Basis des 2-dimensionalen Raums.

2.1.1 Zusammengesetzte Systeme und Verschränkung

Werden statt eines einzelnen quantenmechanischen Systems zwei oder mehr Systeme betrachtet, so wird das Gesamtsystem mathematisch durch das Tensorprodukt der einzelnen Hilberträume beschrieben.

Definition 2.1.1 Seien $\mathcal{H}_A$ und $\mathcal{H}_B$ zwei Hilberträume von Dimension d_A bzw. d_B und seien $\{|e_i\rangle \mid i = 1, \dots d_A\}$ und $\{|f_j\rangle \mid j = 1, \dots d_B\}$ jeweils eine Basis der zwei Räume. So wird das Gesamtsystem durch das Tensorprodukt

$$\mathcal{H}_{\text{ges}} = \mathcal{H}_A \otimes \mathcal{H}_B = \left\{ \sum_{i=1}^{d_A} \sum_{j=1}^{d_B} \lambda_{ij} |e_i\rangle \otimes |f_j\rangle \mid \lambda_{ij} \in \mathbb{C} \right\} \qquad (2.8)$$

beschrieben.

Im Folgenden wird $|e_i\rangle \otimes |f_j\rangle$ kurz als $|e_i, f_j\rangle$ geschrieben. Ist der Zustand des Gesamtsystems bekannt, so stellt sich die Frage, wie sich das physikalische Verhalten in einem Teilsystem $\mathcal{H}_A$ beschreiben lässt. Dazu werden reduzierte Dichtematrizen verwendet.

Definition 2.1.2 Sei $|\psi\rangle \in \mathcal{H}_A \otimes \mathcal{H}_B$ ein reiner Zustand und $\{|a_i\rangle \mid i = 1, \dots, d_A\}$ und $\{|b_j\rangle \mid j = 1, \dots, d_B\}$ Orthonormalbasen von $\mathcal{H}_A$ und $\mathcal{H}_B$. Die *reduzierte Dichtematrix* ist dann durch

$$\rho_A = \text{Tr}_B(|\psi\rangle\langle\psi|) = \sum_{j=1}^{d_B} \langle b_j|\psi\rangle\langle\psi|b_j\rangle \qquad (2.9)$$

definiert. Für einen allgemeinen gemischten Zustand

$$\rho = \sum_{i,m=1}^{d_A} \sum_{k,l=1}^{d_B} p_{i,m;k,l} |a_i\rangle\langle a_m| \otimes |b_k\rangle\langle b_l| = \sum_{i,m=1}^{d_A} \sum_{k,l=1}^{d_B} p_{i,m;k,l} |a_i, b_k\rangle\langle a_m, b_l| \qquad (2.10)$$

gilt analog

$$\rho_A = \text{Tr}_B(\rho) = \sum_{j=1}^{d_B} \sum_{i,m=1}^{d_A} p_{i,m;j,j} |a_i\rangle\langle a_j|. \qquad (2.11)$$

Durch Wechselwirken mit der Umgebung kann ein System, das sich ursprünglich in einem reinen Zustand befand, mit fortschreitender Zeit in einen gemischten Zustand übergehen. Dieses Verhalten heißt Dekohärenz und wird hier kurz erläutert. Eine ausführlichere Beschreibung findet sich z. B. in dem Buch von Schlosshauer [9].

Problem 2.1.3 (Dekohärenz). *Betrachtet wird ein einzelnes Qubit, das mit N Qubits in der Umgebung wechselwirkt. Das System des Qubits wird mit $\mathcal{H}_S$ und die Umgebung durch $\mathcal{H}_E$ beschrieben. Zu Beginn befindet sich das System des Qubits in dem reinen Zustand*

$$|\psi_S\rangle = \alpha|0\rangle + \beta|1\rangle \tag{2.12}$$

bzw.

$$\rho_S = |\psi_S\rangle\langle\psi_S| = |\alpha|^2|0\rangle\langle0| + |\beta|^2|1\rangle\langle1| + \alpha\beta^*|0\rangle\langle1| + \alpha^*\beta|1\rangle\langle0|$$

$$= \begin{pmatrix} |\alpha|^2 & \alpha\beta^* \\ \alpha^*\beta & |\beta|^2 \end{pmatrix} \tag{2.13}$$

mit $|\alpha|^2 + |\beta|^2 = 1$. Der Zustand der Umgebung ist durch

$$|e(0)\rangle = \sum_{n=0}^{N} c_n|n\rangle \tag{2.14}$$

gegeben. Das Gesamtsystem aus Qubit und Umgebung befindet sich damit in dem Zustand

$$|\psi_{\text{ges}}(0)\rangle = |\psi_S\rangle \otimes |e\rangle = (\alpha|0\rangle + \beta|1\rangle)|e(0)\rangle = \alpha|0\rangle|e(0)\rangle + \beta|1\rangle|e(0)\rangle. \tag{2.15}$$

Durch die Wechselwirkung zwischen dem System und der Umgebung in der Zeit t erhält jeder Vektor $|n\rangle$ der Umgebung eine Phase, die von n und dem Zustand $|i\rangle$ des Systems abhängt:

$$|e_0(t)\rangle = \sum_{n=0}^{N} c_n e^{\frac{-iE_n t}{2}}|n\rangle = |e_1(-t)\rangle, \tag{2.16}$$

Der Gesamtzustand ändert sich also durch die Wechselwirkung gemäß

$$|\psi_{\text{ges}}(t)\rangle = \alpha |0\rangle \sum_{n=0}^{N} c_n e^{\frac{-iE_n t}{2}} |n\rangle + \beta |1\rangle \sum_{n=0}^{N} c_n e^{\frac{iE_n t}{2}} |n\rangle. \tag{2.17}$$

Die reduzierte Dichtematrix für das System lautet damit nach der Zeit t

$$\rho_S(t) = \text{Tr}_E(|\psi_{\text{ges}}(t)\rangle\langle\psi_{\text{ges}}(t)|) = \sum_{n=0}^{N} \langle n|\psi_{\text{ges}}(t)\rangle\langle\psi_{\text{ges}}(t)|n\rangle$$

$$= |\alpha|^2 |0\rangle\langle 0| + |\beta|^2 |1\rangle\langle 1| + \alpha\beta^* \sum_{n=0}^{N} c_n e^{-iE_n t} |0\rangle\langle 1| + \alpha^*\beta \sum_{n=0}^{N} c_n e^{+iE_n t} |1\rangle\langle 0|$$

$$= \begin{pmatrix} |\alpha|^2 & \alpha\beta^* r(t) \\ \alpha^*\beta r^*(t) & |\beta|^2 \end{pmatrix} \tag{2.18}$$

mit $r(t) = \sum_{n=0}^{N} c_n e^{-iE_n t}$. *Es lässt sich zeigen, dass* $|r(t)|$ *mit wachsender Zeit t exponentiell abfällt [10]. Die Elemente von* ρ_S *auf der Nebendiagonalen verschwinden also mit der Zeit und* ρ_S *konvergiert gegen*

$$\rho'_S = |\alpha|^2 |0\rangle\langle 0| + |\beta|^2 |1\rangle\langle 1|$$

$$= \begin{pmatrix} |\alpha|^2 & 0 \\ 0 & |\beta|^2 \end{pmatrix}, \tag{2.19}$$

also gegen einen gemischten Zustand.

Befindet sich das System zu Beginn in einem reinen Zustand $|\psi_S\rangle$, so ist die Wahrscheinlichkeit, bei einer Messung genau diesen Zustand zu erhalten, genau eins. Durch die Wechselwirkung mit der Umgebung und den Übergang in einen gemischten Zustand nimmt diese Wahrscheinlichkeit also ab. Gerade in Quantennetzwerken müssen gesendete Zustände aber eine gewisse Zeit gespeichert werden können. Durch Dekohärenz ergibt sich hier genau das Problem, dass nach einiger Zeit nicht mehr sicher der ursprüngliche Zustand vorliegt. Wie dieses Problem mathematisch behandelt werden kann, wird im zweiten Teil des Kapitels erläutert.

Im obigen Problem ist der Anfangszustand des Systems $|\psi_S\rangle$ unabhängig von dem Zustand der Umgebung $|e(0)\rangle$. Ist dies der Fall, so heißen die Zustände separierbar.

Definition 2.1.4 (Verschränkung reiner Zustände). Ein reiner Zustand $|\psi\rangle$ heißt *separierbar*, falls er als

$$|\psi\rangle = |\psi_A\rangle \otimes |\psi_B\rangle \tag{2.20}$$

geschrieben werden kann. Anderenfalls heißt $|\psi\rangle$ *verschränkt*.

Die reduzierte Dichtematrix kann genutzt werden, um einen Zustand auf Verschränkung zu prüfen. Für einen separierbaren Zustand $|\psi\rangle = |\psi_A\rangle \otimes |\psi_B\rangle$ gilt

$$\rho_A = \mathrm{Tr}_B(|\psi\rangle\langle\psi|) = \sum_{j=1}^{d_B} \langle b_j|\psi\rangle\langle\psi|b_j\rangle. \tag{2.21}$$

Da $|\psi_B\rangle$ normiert ist, kann dieser Vektor zu einer Orthonormalbasis $\{|b_j\rangle \mid j = 1, \ldots, d_B\}$ mit $|b_1\rangle = |\psi_B\rangle$ ergänzt werden. Damit gilt

$$\rho_A = \mathrm{Tr}_B(|\psi\rangle\langle\psi|) = \sum_{j=1}^{d_B} \langle b_j|\psi\rangle\langle\psi|b_j\rangle = |\psi_A\rangle\langle\psi_A|. \tag{2.22}$$

Die reduzierte Dichtematrix ist also im Fall eines separierbaren Gesamtzustandes durch einen reinen Zustand gegeben. Im Umkehrschluss bedeutet dies, dass ein reiner Gesamtzustand verschränkt ist, wenn die reduzierte Dichtematrix gemischt ist. Dekohärenz entspricht also einer Verschränkung des Systems mit der Umgebung. Im Folgenden werden nun einige reine verschränkte Zustände angegeben.

Beispiel 2.1.5 (Bellzustände). Die *Bell-Zustände* sind definiert als

$$|\Phi^{\pm}\rangle = \frac{1}{\sqrt{2}} (|00\rangle \pm |11\rangle) \tag{2.23}$$

sowie

$$|\Psi^{\pm}\rangle = \frac{1}{\sqrt{2}} (|01\rangle \pm |10\rangle). \tag{2.24}$$

Die Berechnung der reduzierten Dichtematrix für das System A ergibt

$$\rho_A = \mathrm{Tr}_B(|\Phi^{\pm}\rangle\langle\Phi^{\pm}|) = \sum_{j=0}^{1} \langle j_B|\Phi^{\pm}\rangle\langle\Phi^{\pm}|j_B\rangle$$

$$= \frac{1}{2} (|0\rangle\langle0| + |1\rangle\langle1|) \tag{2.25}$$

und analog

$$\rho_A = \mathrm{Tr}_B(|\Psi^\pm\rangle\langle\Psi^\pm|) = \sum_{j=0}^{1} \langle j_B|\Psi^\pm\rangle\langle\Psi^\pm|j_B\rangle$$

$$= \frac{1}{2}(|0\rangle\langle0| + |1\rangle\langle1|). \tag{2.26}$$

Da dies gemischte Dichtematrizen sind, sind die Bell-Zustände verschränkt.

Die Bell-Zustände sind maximal verschränkte Zustände, die für verschiedene Protokolle und Algorithmen verwendet werden. Ein solches Beispiel ist der Verschränkungsaustausch, der hier kurz erläutert wird und in Abbildung 2.1 schematisch dargestellt ist.

Protokoll 2.1.6 (Verschränkungsaustausch). Zu Beginn besitzen Alice und Bob sowie Bob und Charlie je ein Qubit eines Singulettzustandes $|\Psi^-\rangle$. Alle vier Qubits befinden sich damit gemeinsam betrachtet in dem Zustand $|\Psi^-\rangle_{AB}|\Psi^-\rangle_{B'C}$. Das Ziel des Protokolls soll es nun sein, durch eine Messung an Bobs Qubits B und B' eine Verschränkung zwischen den Qubits von Alice und Charlie (A und C) zu erzeugen. Da die Bellzustände eine Basis der Zustände von je zwei Qubits bilden, kann der Gesamtzustand bezüglich A und C sowie B und B' in der Bell-Basis dargestellt werden:

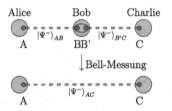

Abbildung 2.1 Schematische Darstellung des Verschränkungsaustauschs; sowohl Alice und Bob als auch Bob und Charlie teilen sich je einen Bell-Zustand; nach einer Bell-Messung an Bobs Qubits befinden sich Alices und Charlies Qubits in einem Bell-Zustand; ihre Qubits wurden also durch Bobs Messung verschränkt

$$|\Psi^-\rangle_{AB}|\Psi^-\rangle_{B'C} = \frac{1}{2}[|01\rangle - |10\rangle]_{AB} \otimes [|01\rangle - |10\rangle]_{B'C}$$

$$= \frac{1}{2}[|0101\rangle - |1001\rangle - |0110\rangle + |1010\rangle]_{ABB'C}$$

$$= \frac{1}{2}[|0110\rangle - |1100\rangle - |0011\rangle + |1001\rangle]_{ACBB'}$$

$$= \frac{1}{2}\Big[-|\Phi^+\rangle_{AC}|\Phi^+\rangle_{BB'} + |\Phi^-\rangle_{AC}|\Phi^-\rangle_{BB'}$$

$$+ |\Psi^+\rangle_{AC}|\Psi^+\rangle_{BB'} - |\Psi^-\rangle_{AC}|\Psi^-\rangle_{BB'}\Big]. \quad (2.27)$$

Führt Bob nun eine Messung in der Bell-Basis an seinen zwei Qubits durch, so befinden sich diese Qubits danach in einem Bell-Zustand und auch Alices und Charlies Qubits sind in einen gemeinsamen Bell-Zustand übergegangen. Misst Bob z.b. den Bellzustand $|\Phi^+\rangle_{BB'}$, so befindet sich auch die Qubits bei Alice und Charlie in dem Zustand $|\Phi^+\rangle_{AC}$. Bob hat also durch die Messung an seinen Qubits Verschränkung zwischen Alices und Charlies Qubits erzeugt.

Teilt Bob nun den gemessenen Bell-Zustand Charlie mit, so kann Charlie durch eine lokale Operation an seinem Qubit den mit Alice geteilten Zustand wieder in einen Singulett-Zustand transformieren:

$$\mathbb{1} \otimes (-i\sigma_y)|\Phi^+\rangle_{AC} = |\Psi^-\rangle_{AC}, \quad (2.28)$$

$$\mathbb{1} \otimes \sigma_x|\Phi^-\rangle_{AC} = |\Psi^-\rangle_{AC}, \quad (2.29)$$

$$\mathbb{1} \otimes (-\sigma_z)|\Psi^+\rangle_{AC} = |\Psi^-\rangle_{AC} \quad \text{und} \quad (2.30)$$

$$\mathbb{1} \otimes \mathbb{1}|\Psi^-\rangle_{AC} = |\Psi^-\rangle_{AC}. \quad (2.31)$$

Da Bob sein Messergebnis durch klassische Kommunikation an Charlie mitteilen kann, besitzen nach diesem Protokoll Alice und Charlie einen verschränkten Zustand, ohne je miteinander kommuniziert zu haben, Qubits ausgetauscht zu haben oder von einer gemeinsamen Quelle je ein Qubit erhalten zu haben. Die Verschränkung zwischen ihren Qubits wurde durch Bob „ausgetauscht".

Verschränkte Zustände werden z. B. für die Quantenkryptographie genutzt. In dem Protokoll von Artur Ekert [11] wird gezeigt, dass Alice und Bob beweisbar sicher einen Schlüssel erzeugen können, wenn sie auf eine beliebige Weise den Bell-Zustand $|\Psi^-\rangle$ erzeugen können. Da klassische Verfahren zum Schlüsselaustausch nicht beweisbar sicher sind, stellt dies einen wesentlichen Vorteil der Quantenkryptographie dar. Eine weitere Verwendung von verschränkten Zuständen ist das sogenannte Superdense Coding [12]. Bei diesem können zwei Bits an Information durch das Senden eines einzelnen Qubits übermittelt werden, wenn die beiden

Parteien zuvor einen Bellzustand teilen. Alice und Bob können also durch den Besitz eines Bell-Zustandes doppelt so viele Informationen durch ein Teilchen übermitteln wie ohne diesen Zustand. Da es also von Interesse ist, verschränkte Links zwischen zwei (oder mehr) Parteien aufzubauen, wird im Folgenden erklärt, wie Quantennetzwerke zu diesem Ziel beitragen können.

2.2 Netzwerke

2.2.1 Das Repeater-Protokoll

Die in der Quantenkommunikation verwendeten Protokolle benötigen stets einen verschränkten Quantenzustand, den sich die beiden kommunizierenden Parteien teilen. Dies kann z. B. realisiert werden, indem Alice (Partei A) einen verschränkten Bell-Zustand erzeugt und eines der beiden Qubits an Bob (Partei B) sendet. In der Realität fällt allerdings die Wahrscheinlichkeit, das Qubit fehlerfrei an Bob zu senden, exponentiell mit der Länge der Verbindung zwischen Alice und Bob ab. Um trotzdem einen Verschränkungslink über eine weite Distanz aufzubauen, stellten Briegel, Dür, Cirac und Zoller 1998 ein Quanten Repeater Protokoll vor [2]. In diesem Protokoll wird nicht versucht, direkt in einem Schritt einen Bell-Zustand zwischen Alice und Bob auszutauschen. Stattdessen werden weitere Zwischenstationen genutzt, zwischen denen kürzere Verbindungen aufgebaut werden können, die dann durch Bell-Messungen verbunden werden. Dieses Protokoll ist schematisch in Abbildung 2.2 für $n = 2$ kurze Verbindungen dargestellt. Zunächst erzeugen sowohl Alice als auch Bob einen verschränkten Zustand mit der mittleren Partei. Sobald beide sich einen Zustand mit der mittleren Partei teilen, führt diese eine Bell-Messung durch und verschränkt dadurch die bei Alice und Bob befindlichen Qubits (Verschränkungsaustausch). Zwar müssen bei diesem Protokoll n-mal so viele Verbindungen hergestellt werden, wie in dem Fall einer direkten Verbindung von Alice und Bob. Da jedoch die Wahrscheinlichkeit, einen Bell-Zustand erfolgreich auszutauschen, exponentiell mit der Länge abfällt, werden bei jeder der kurzen Verbindungen exponentiell weniger Versuche benötigt, um einen Bell-Zustand herzustellen. Dadurch wird der Mehraufwand der erhöhten Anzahl an Verbindungen kompensiert.

Ein zentrales Ziel der vorliegenden Arbeit ist nun die Berechnung der Zeit, die es durchschnittlich dauert, bis zwischen den äußeren Parteien Alice und Bob ein Bell-Zustand ausgetauscht wurde. Dazu werden im nächsten Kapitel zunächst einige Grundbegriffe und Probleme bei der Berechnung erläutert, ehe die möglichen Modellierungen, die in dieser Arbeit untersucht werden, beschrieben werden.

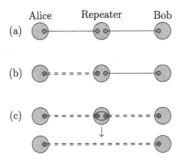

Abbildung 2.2 Schematische Darstellung eines Repeater-Protokolls mit 2 Links. a) Alice und Bob besitzen je eine Verbindung zu dem Repeater in der Mitte; in b) wurde zwischen Alice und dem Repeater bereits ein Link erzeugt; in c) wurde auch der zweite Link aufgebaut und in der Folge ein Verschränkungsaustausch (erfolgreich) durchgeführt

2.2.2   Grundbegriffe

Grundsätzlich besteht ein Quantennetzwerk aus *Verbindungen* bzw. *Kanälen*, die je zwei Parteien verbinden. Zwei verbundene Parteien haben die Möglichkeit, über eine solche Verbindung einen verschränkten Zustand zu teilen. Besitzen die zwei Parteien einen verschränkten Zustand, so haben sie einen *Link* erzeugt. Laufen mehrere Links bei einer Partei zusammen, so kann diese Partei einen Verschränkungsaustausch durchführen und diese Links damit zu einem größeren Link verbinden.

Physikalisch kann dies z. B. mit verschränkten Photonen realisiert werden, die über Glasfaserkabel zwischen den einzelnen Parteien versendet werden können. Das Glasfaserkabel ist also der Kanal oder die Verbindung zwischen den beiden Parteien. Die Photonen können dabei entweder von einer der Parteien erzeugt werden, die dann eines dieser Photonen an die andere Partei sendet. Alternativ kann eine Quelle zwischen den beiden Parteien einen verschränkten Zustand erzeugen und je ein Photon an die beiden Partei senden. Unabhängig von der physikalischen Realisierung wurde ein Link genau dann aufgebaut, wenn die beiden Photonen bei den beteiligten Parteien vorliegen und gespeichert werden konnten. Durch eine Bell-Messung können dann zwei kürzere Links zu einem längeren Link verbunden werden. Führt nämlich Bob in der Mitte zwischen Alice und Charlie eine Bell-Messung mit seinen zwei Photonen durch, so befinden sich danach die bei Alice und Charlie verbliebenen Photonen in einem verschränkten Zustand (Verschränkungsaustausch).

Bei der Beschreibung dieses Prozesses bis zum Erzeugen des verschränkten Zustands zwischen Alice und Charlie gibt es mehrere Punkte, die die Berechnung erschweren.

Problem 1: Die Erzeugung eines einzelnen Links ist immer probabilistisch. Es kann also nie vorhergesagt werden, wann der nächste Link aufgebaut sein wird. Im Folgenden wird die Wahrscheinlichkeit, einen Link in einem Zeitintervall aufzubauen, stets mit $p_\uparrow$ bezeichnet.

Problem 2: Jeder Quantenspeicher ist fehlerbehaftet. Ein aufgebauter Link wird aufgrund von Dekohärenz stets qualitativ schlechter, bis er für die vorgesehene Verwendung nicht mehr gebraucht werden kann.

Problem 3: Falls sowohl zwei Links erzeugt wurden, als auch beide Links noch in ausreichender Qualität gespeichert sind, kann der Verschränkungsaustausch versucht werden. Auch dieser gelingt nur mit einer gewissen Wahrscheinlichkeit p_{VA}. Schlägt er fehl, so sind beide Links zerstört und müssen neu aufgebaut werden.

Vor diesem Hintergrund stellt sich die Frage, wie lange es dauert, bis ein langer Link aus mehreren kurzen Links erzeugt wurde. Da es sich hier um einen probabilistischen Prozess handelt, kann diese Zeit nicht exakt angegeben werden. Lediglich die Wahrscheinlichkeit, nach t Zeitschritten einen langen Link zu erhalten, kann (näherungsweise) berechnet werden. Aus dieser Wahrscheinlichkeitsverteilung kann sodann die *mittlere Wartezeit* ermittelt werden, die dem Erwartungswert der Zeit enspricht. Diese Wartezeit gibt an, nach welcher Zeit im Durchschnitt ein langer Link erzeugt worden ist. Zunächst muss allerdings erklärt werden, wie die einzelnen Komponenten des Protokolls mathematisch modelliert werden können.

2.2.3 Verschiedene Modelle

Die Modellierung(-smöglichkeiten) der drei im letzten Kapitel aufgeführten Probleme werden nun einzeln betrachtet.

Problem 1: Ein einzelner Link wird im Zeitschritt t mit *Erzeugungswahrscheinlichkeit* $p_\uparrow$ erzeugt. Da es im Folgenden stets um Wartezeiten geht, ist besonders die Frage nach dem ersten Auftreten eines einzelnen Links von Bedeutung. Wird der Link das erste Mal im Schritt t erzeugt, so bedeutet dies, dass er in den $(t-1)$ Schritten zuvor nicht erzeugt wurde. Mathematisch wird dies durch

$$\mathbb{P}(t) = p_\uparrow (1 - p_\uparrow)^{t-1} \tag{2.32}$$

ausgedrückt. Diese Verteilung heißt *geometrische Verteilung*. Einige Aussagen
zu dieser Art von Zufallsverteilung werden im nachfolgenden Kapitel gezeigt.
Problem 2: Für das Verhalten des Quantenspeichers gibt es verschiedene Model-
lierungsmöglichkeiten. Physikalisch kann der Link in dem Speicher nutzlos werden, da z. B. das gespeicherte Photon verloren geht. Eine andere Möglichkeit
besteht in der Dekohärenz eines gespeicherten Links, durch den die Qualität
der Verschränkung exponentiell abnimmt, bis er für das Protokoll nicht mehr
gebraucht werden kann. Insgesamt kann der Link also für eine gewisse Anzahl
an Schritten genutzt werden, ehe er unbrauchbar ist. Dies wird durch das folgende
Modell dargestellt:

Modell a) Ein Link wird für eine *Speicherdauer* von τ Zeitschritten gespeichert.
Das bedeutet, dass ein im Zeitschritt t erzeugter Link noch im Zeitschritt
$(t + \tau - 1)$ genutzt werden kann, im Schritt $(t + \tau)$ hingegen nicht mehr.
Insbesondere bedeutet der Fall $\tau = 1$, dass der Link praktisch nicht gespeichert wird, sondern sofort genutzt werden muss, ehe er zerfällt. Der Idealfall
eines perfekten Speichers, in dem nie ein Link zerfällt, wird durch $\tau = \infty$
angegeben.

Eine zweite Modellierungsmöglichkeit besteht darin, den Zerfall eines Links
als einen probabilistischen Prozess darzustellen, der im Mittel τ Zeitschritte
benötigt. Im Mittel wird also ein existierender Link auch hier τ Zeitschritte
nutzbar sein.

Modell b) Ein einzelner Link zerfällt im Zeitschritt t mit *Zerfallswahrscheinlichkeit* $p_\downarrow$. Analog zur Modellierung der Linkerzeugung gilt für die Wahrscheinlichkeit, dass der Link genau im Schritt t zerfällt

$$\mathbb{P}\,(t) = p_\downarrow(1 - p_\downarrow)^{t-1}; \qquad (2.33)$$

der Zerfall eines Links folgt also auch der geometrischen Verteilung. In dieser Beschreibung bedeutet $p_\downarrow = 1$, dass ein Link praktisch nicht gespeichert
wird, sondern sofort genutzt werden muss, ehe er zerfällt. Der Idealfall eines
perfekten Speichers wird hingegen durch $p_\downarrow = 0$ angegeben. Die Frage, wie
$p_\downarrow$ gewählt werden muss, damit ein Link im Mittel τ Zeitschritte existiert,
wird im nachfolgenden Kapitel über die geometrische Verteilung erläutert.

Problem 3: Falls sowohl zwei Links erzeugt wurden, als auch beide Links noch in ausreichender Qualität gespeichert sind, kann der Verschränkungsaustausch versucht werden. Der Verschränkungsaustausch benötigt dabei einen Zeitschritt und gelingt mit der Wahrscheinlichkeit p_{VA}. Schlägt er fehl, so müssen die an dem Austauschversuch beteiligten Links neu erzeugt werden. Im Folgenden wird der Verschränkungsaustausch meist vernachlässigt und lediglich die Wartezeit bis zur Erzeugung der an dem Austausch beteiligten Links betrachtet. In Abschnitt 3.4.1 wird der Zusammenhang zwischen der Erzeugung der einzelnen Links und dem erfolgreichen Verschränkungsaustausch näher betrachtet.

Eine weitere Möglichkeit, den Aufbau eines langen, verbundenen Links zu verbessern, besteht durch das *Multiplexverfahren*, bei dem mehrere Verbindungen zu einer gebündelt werden. Diese Idee stammt von Collins et al. [3] und ist in Abbildung 2.3 schematisch dargestellt. Statt in einer Repeaterkette nur je eine Verbindung zwischen den Stationen zu verwenden, werden mehrere Verbindungen benutzt. Bei jeder dieser Verbindungen wird genau wie im Repeater-Protokoll in jedem Zeitschritt der Aufbau eines neuen Links versucht. Durch die höhere Anzahl an Verbindungen erhöht sich auch die Wahrscheinlichkeit einer Linkerzeugung bei diesen Versuchen. Werden nun links und rechts je mindestens ein Link erzeugt, so können diese unabhängig von ihrer Lage zueinander verbunden werden. Liegt eine Situation wie in Abbildung 2.3 vor, so kann im nächsten Schritt der Verschränkungsaustausch zwischen dem zweiten Link auf der linken Seite und dem vierten Link auf der rechten Seite versucht werden.

Zudem besteht die Möglichkeit, nach einem fehlgeschlagenen Verschränkungsaustausch nicht so lange bis zum nächsten Versuch warten zu müssen, da schon aufgebaute Links vorhanden sind. Werden z. B. links drei Links aufgebaut und rechts nur einer, so muss nach einem fehlgeschlagenen Verschränkungsaustausch zwischen einem der linken und dem rechten Link unter Umständen nur rechts ein neuer Link aufgebaut werden, da links noch Links vorhanden sind.

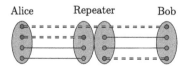

Abbildung 2.3 Schematische Darstellung des Multiplexverfahren bei zwei Links; der Quanten-Repeater ist durch zwei Speicher dargestellt; links und rechts wurde je der zweite bzw. vierte Link aufgebaut; die obersten Links wurden vorher schon aufgebaut und durch Verschränkungsaustausch verbunden

Ein weiterer Vorteil des Multiplexverfahrens besteht darin, dass auch mehr als ein langer Link zwischen den äußeren Parteien erzeugt werden kann. Dies ist unter Umständen für die Purifizierung des erhaltenen Zustandes interessant. Bei diesem Protokoll werden aus mehreren Zuständen, die durch Dekohärenz qualitativ schlechter geworden sind, ein einziger, qualitativ besserer Link erzeugt.

Bevor nun auf die Berechnung der Wartezeiten in diesen verschiedenen Modellen eingegangen wird, wird im folgenden Kapitel zunächst ein kurzer Überblick über die benötigten stochastischen Grundlagen gegeben.

Stochastische Grundlagen

3

Die Entstehung von neuen Links innerhalb eines Netzwerkes und deren Zerfall ist probabilistisch. Daher werden in diesem Kapitel zunächst einige Grundbegriffe der Stochastik eingeführt. Anschließend werden einige Aussagen zu zwei speziellen Wahrscheinlichkeitsverteilungen, der geometrischen Verteilung und der Exponentialverteilung, bewiesen, die im weiteren Verlauf dieser Arbeit von Interesse sein werden. Für eine ausführlichere Einführung in die Stochastik sei zum Beispiel auf das Buch von Georgii [13] verwiesen.

3.1 Grundbegriffe der Stochastik

In einem Netzwerk lässt sich die Entstehung eines einzelnen Links durch einen Zufallsprozess ähnlich einem Münzwurf beschreiben. So kann das Entstehen bzw. Nicht-Entstehen eines Links in einem Aufbauversuch mit „Kopf" bzw. „Zahl" bei einem Münzwurf identifiziert werden. In einem solchen Versuch sind auch abgeleitete Größen wie die Zeit bis zum ersten Erscheinen von „Kopf" von Interesse. Solche abgeleiteten Größen werden durch Zufallsvariablen beschrieben.

Definition 3.1.1 Eine *(reelle) Zufallsvariable* X ist eine Abbildung

$$X : \Omega \to \mathbb{R}, \quad \omega \mapsto X(\omega), \tag{3.1}$$

die jedem möglichen Ergebnis $\omega \in \Omega$ eines Zufallsprozesses mit Wahrscheinlichkeitsverteilung $\mathcal{P}$ eine reelle Zahl zuordnet. Die *Verteilung* der Zufallsvariablen ist durch

$$\mathbb{P}_X (A) = \mathbb{P} (X \in A) = \mathcal{P}(X^{-1}(A)), \quad A \subset \mathbb{R}, \tag{3.2}$$

© Der/die Autor(en), exklusiv lizenziert an Springer Fachmedien Wiesbaden GmbH, ein Teil von Springer Nature 2023
L. T. Weinbrenner, *Charakterisierung von Wartezeiten in verschiedenen Modellen von Quantennetzwerken*, BestMasters,
https://doi.org/10.1007/978-3-658-43267-6_3

gegeben. Falls X nur endlich viele oder abzählbar unendlich viele Werte annimmt, heißt X eine *diskrete Zufallsvariable*. Insbesondere gilt dann

$$\mathbb{P}\,(X = \alpha) := \mathbb{P}\,(X \in \{\alpha\})\,, \tag{3.3}$$

$$\mathbb{P}\,(X \leq \alpha) := \mathbb{P}\,(X \in (-\infty, \alpha]) \quad \text{und} \tag{3.4}$$

$$\mathbb{P}\,(X > \alpha) := \mathbb{P}\,(X \in (\alpha, \infty)) \tag{3.5}$$

für $\alpha \in \mathbb{R}$.

Im Beispiel des Münzwurfs wäre ein mögliches Ereignis

$$\omega = \{\text{Zahl, Zahl, Kopf, Zahl}, \dots\}. \tag{3.6}$$

Beschreibt die Zufallsvariable X nun das erste Auftreten von „Kopf", so gilt

$$X(\omega) = 3. \tag{3.7}$$

Bei einem solchen Versuch ist auch von Interesse, wie lange im Durchschnitt bis zum ersten Erscheinen von „Kopf" gewartet werden muss. Diese durchschnittliche Wartezeit wird durch den Erwartungswert ausgedrückt.

Definition 3.1.2 Der *Erwartungswert* einer diskreten Zufallsvariablen $X : \Omega \to \mathbb{N} \subset \mathbb{R}$ ist durch

$$\mathbb{E}\,[X] = \sum_{n=0}^{\infty} n \cdot \mathbb{P}\,(X = n) = \sum_{n=1}^{\infty} \mathbb{P}\,(X \geq n) \tag{3.8}$$

gegeben. Für eine nicht-negative kontinuierliche Zufallsvariable $X : \Omega \to \mathbb{R}_0^+$ gilt analog

$$\mathbb{E}\,[X] = \int_0^{\infty} \mathbb{P}\,(X \geq x)\,\mathrm{d}x. \tag{3.9}$$

Sobald mehrere Zufallsvariablen betrachtet werden, können diese voneinander abhängen oder auch nicht. Beschreiben z.b. zwei Zufallsvariablen das erste Auftreten von „Kopf" bzw. das erste Auftreten von „Zahl", so hängen diese voneinander ab. Tritt „Kopf" das erste Mal im dritten Versuch auf, so muss „Zahl" schon im ersten und zweiten Schritt aufgetreten sein. Der Wert der zweiten Zufallsvariablen hängt also von der ersten ab. Werden hingegen zwei Münzen geworfen und beschreiben die zwei Zufallsvariablen jeweils das erste Auftreten von „Kopf" für die einzelnen

Münzen, so sollte der Wert der ersten Variablen den der zweiten nicht beeinflussen, solange das Geschehen an der ersten Münze keinen Einfluss auf die zweite hat. Zudem sollten die zwei Zufallsvariablen dieselbe Wahrscheinlichkeitsverteilung besitzen, da der zugrunde liegende Prozess der gleiche ist.

Definition 3.1.3 Die Zufallsvariablen $X_k : \Omega \to \mathbb{R}$ für $k = 1, \ldots, n$ heißen *identisch verteilt*, falls für die Wahrscheinlichkeitsverteilungen

$$\mathbb{P}_{X_1} = \cdots = \mathbb{P}_{X_n} \tag{3.10}$$

gilt. Die Zufallsvariablen heißen *unabhängig*, falls

$$\mathbb{P}\left(X_k \in A_k \text{ für } k = 1, \ldots, n\right) = \prod_{k=1}^{n} \mathbb{P}\left(X_k \in A_k\right) \tag{3.11}$$

für alle $A_k \subset \mathbb{R}$ erfüllt ist.

Für die Summe und das Produkt mehrerer Zufallsvariablen lässt sich ebenfalls der Erwartungswert berechnen. Im Falle unabhängiger Zufallsvariablen nimmt der Erwartungswert dabei eine besonders einfache Form an.

Lemma 3.1.4 *Sind* $X_k : \Omega \to \mathbb{R}$ *für* $k = 1, \ldots, n$ *beliebige Zufallsvariablen, so gilt*

$$\mathbb{E}\left[\sum_{k=1}^{n} X_k\right] = \sum_{k=1}^{n} \mathbb{E}\left[X_k\right] \tag{3.12}$$

und

$$\mathbb{E}\left[aX_k\right] = a \cdot \mathbb{E}\left[X_k\right], \ a \in \mathbb{R}, \tag{3.13}$$

$\mathbb{E}\left[\cdot\right]$ *ist also linear. Sind die* X_k *zudem unabhängig, so gilt zusätzlich*

$$\mathbb{E}\left[\prod_{k=1}^{n} X_k\right] = \prod_{k=1}^{n} \mathbb{E}\left[X_k\right]. \tag{3.14}$$

Im nächsten Abschnitt wird nun eine spezielle diskrete Wahrscheinlichkeitsverteilung, die geometrische Verteilung, näher betrachtet.

3.2   Die geometrische Verteilung

Die geometrische Verteilung beschreibt mathematisch die Frage, wie wahrscheinlich der erste Erfolg im n-ten Versuch ist, wenn ein einzelner Erfolg mit Wahrscheinlichkeit p auftritt. Dies entspricht genau der Wahrscheinlichkeit für $n - 1$ Misserfolge und einen Erfolg.

Definition 3.2.1 Sei X eine diskrete Zufallsvariable. X heißt *geometrisch verteilt mit Erfolgswahrscheinlichkeit* $p \in (0, 1)$, falls

$$\mathbb{P}\,(X = n) = p(1 - p)^{n-1} \tag{3.15}$$

für jedes $n \in \mathbb{N}$ gilt. $q := 1 - p$ heißt *Gegenwahrscheinlichkeit* zu p.

Für die später folgenden Berechnungen ist es oft hilfreich, die Verteilungsfunktion der geometrischen Verteilung zu kennen. Diese gibt die Wahrscheinlichkeit an, in weniger oder genau n Versuchen zum Erfolg zu gelangen.

Lemma 3.2.2 *Sei X eine geometrisch verteilte Zufallsvariable mit Erfolgswahrscheinlichkeit p. Dann gilt für die Verteilungsfunktion*

$$F_X(n) := \mathbb{P}\,(X \le n) = 1 - (1 - p)^n. \tag{3.16}$$

Beweis. Es gilt

$$F_X(n) = \mathbb{P}\,(X \le n) = \sum_{j=1}^{n} \mathbb{P}\,(X = j) = \sum_{j=1}^{n} p(1 - p)^{j-1}$$

$$= p \sum_{j=0}^{n-1} (1 - p)^j \qquad \text{(Indexshift)}$$

$$= p \cdot \frac{1 - (1 - p)^{n-1+1}}{1 - (1 - p)} \qquad \text{(geom. Summe)}$$

$$= 1 - (1 - p)^n. \tag{3.17}$$

$\square$

Anschaulich ist dieses Ergebnis klar: $(1 - p)^n$ ist genau die Wahrscheinlichkeit, n Misserfolge zu erhalten. Die Wahrscheinlichkeit, innerhalb der ersten n Versuche einen Erfolg zu erzielen, muss also genau der Gegenwahrscheinlichkeit $1 - (1 - p)^n$ von n Misserfolgen entsprechen.

Eine weitere wichtige Größe einer Zufallsvariablen ist der Erwartungswert. Er gibt an, wie viele Versuche im Mittel durchgeführt werden müssen, bis ein Erfolg auftritt. Im Falle einer geometrischen Verteilung entspricht dieser genau dem Inversen der Erfolgswahrscheinlichkeit.

Lemma 3.2.3 *Sei X eine geometrisch verteilte Zufallsvariable mit Erfolgswahrscheinlichkeit p. Der Erwartungswert dieser Zufallsvariablen lautet dann*

$$\mathbb{E}[X] = \frac{1}{p}. \tag{3.18}$$

Beweis. Es gilt

$$\mathbb{E}[X] = \sum_{n=1}^{\infty} n \cdot \mathbb{P}(X = n) = \sum_{n=1}^{\infty} \mathbb{P}(X \geq n)$$

$$= \sum_{n=1}^{\infty} (1 - \mathbb{P}(X < n))$$

$$= \sum_{n=1}^{\infty} \left(1 - (1 - (1 - p)^{n-1})\right) \qquad \text{(siehe 3.2.2)}$$

$$= \sum_{n=0}^{\infty} (1 - p)^n \qquad \text{(Indexshift)}$$

$$= \frac{1}{1 - (1 - p)} \qquad \text{(geom. Reihe)}$$

$$= \frac{1}{p}. \tag{3.19}$$

$\square$

Betrachtet man mehrere geometrisch verteilte Zufallsvariablen, so ist auch interessant, wie lange es dauert, bis überhaupt bei einem dieser Prozesse ein Erfolg eintritt. Dieses Ereignis „ein Erfolg in einem der Prozesse" wird gerade durch das Minimum der Zufallsvariablen beschrieben. Werden z.B. fünf Münzen gleichzeitig geworfen, so ist das Auftreten von „Kopf" für jede Münze einzeln geometrisch verteilt. Das erste Auftreten von „Kopf" überhaupt wird durch das Minimum der Zufallsvariablen beschrieben und ist ebenfalls geometrisch verteilt.

Behauptung 3.2.4 *Seien* $N_1, \ldots, N_M$ *jeweils geometrisch verteilte, unabhängige Zufallsvariablen mit Erfolgswahrscheinlichkeit* p. *Dann ist das Minimum der Zufallsvariablen* $N_{\min} := \min\{N_1, \ldots, N_M\}$ *ebenfalls geometrisch verteilt mit Wahrscheinlichkeit* $P := 1 - (1 - p)^M$. *Für den Erwartungswert von* N *gilt zudem*

$$\mathbb{E}[N_{\min}] = \mathbb{E}[\min\{N_1, \ldots, N_M\}] = \frac{1}{1 - (1 - p)^M}. \tag{3.20}$$

Beweis. Zunächst gilt genau dann $N_{\min} > n$, falls jede einzelne Zufallsvariable $N_k > n$ erfüllt. Da die einzelnen Zufallsvariablen zudem unabhängig voneinander sind, faktorisiert die Wahrscheinlichkeit:

$$\mathbb{P}(N_{\min} > n) = \mathbb{P}(N_1 > n, \ldots, N_M > n)$$
$$= \mathbb{P}(N_1 > n) \cdots \mathbb{P}(N_M > n) \qquad \text{(unabhängig)}$$
$$= [\mathbb{P}(N_1 > n)]^M$$
$$= [1 - \mathbb{P}(N_1 \le n)]^M \qquad \text{(identisch verteilt)}$$
$$= \left[1 - \left(1 - (1 - p)^n\right)\right]^M \qquad \text{(siehe 3.2.2)}$$
$$= (1 - p)^{nM}. \tag{3.21}$$

Für die Wahrscheinlichkeitsverteilung von $N_{\min}$ gilt damit

$$\mathbb{P}(N_{\min} = n) = \mathbb{P}(N_{\min} > n - 1) - \mathbb{P}(N_{\min} > n) = (1 - p)^{(n-1)M} - (1 - p)^{nM}$$
$$= (1 - p)^{(n-1)M}\left[1 - (1 - p)^M\right]$$
$$= \left[1 - (1 - (1 - p)^M)\right]^{n-1}\left[1 - (1 - p)^M\right]$$
$$= [1 - P]^{n-1} P. \tag{3.22}$$

$N_{\min}$ ist also eine geometrisch verteilte Zufallsvariable mit Erfolgswahrscheinlichkeit P. Nach Lemma 3.2.3 folgt damit direkt

$$\mathbb{E}[N_{\min}] = \frac{1}{P} = \frac{1}{1 - (1 - p)^M}. \tag{3.23}$$

$\square$

Im Gegensatz zum Minimum mehrerer geometrisch verteilter Zufallsvariablen ist das Maximum solcher Variablen nicht wieder geometrisch verteilt. Trotzdem kann für das Maximum der Erwartungswert berechnet werden. Er gibt an, wie lange im Durchschnitt gewartet werden muss, bis alle Zufallsvariablen mindestens einmal einen Erfolg angezeigt haben.

Behauptung 3.2.5 *Seien $N_1, \ldots, N_M$ jeweils geometrisch verteilte, unabhängige Zufallsvariablen mit Erfolgswahrscheinlichkeit p. Dann gilt für den Erwartungswert des Maximums $N_{\max} := \max\{N_1, \ldots, N_M\}$*

$$\mathbb{E}\left[N_{\max}\right] = \mathbb{E}\left[\max\{N_1, \ldots, N_M\}\right] = \sum_{k=1}^{M} \binom{M}{k} \frac{(-1)^{k+1}}{1 - (1-p)^k}. \tag{3.24}$$

Beweis. Zunächst wird die Wahrscheinlichkeitsverteilung der Zufallsvariablen $N_{\max}$ betrachtet

$$\mathbb{P}\left(N_{\max} < n\right) = \mathbb{P}\left(\max\{N_1, \ldots, N_M\} < n\right). \tag{3.25}$$

Da das Maximum genau dann geringer als n ist, wenn jede einzelne Variable N_k kleiner als n ist und die M Zufallsvariablen unabhängig sind, folgt

$$\begin{aligned}
\mathbb{P}\left(N_{\max} < n\right) &= \mathbb{P}\left(N_1 < n, \ldots, N_M < n\right) \\
&= \mathbb{P}\left(N_1 < n\right) \cdots \mathbb{P}\left(N_M < n\right) &&\text{(unabhängig)} \\
&= \left[\mathbb{P}\left(N_1 < n\right)\right]^M &&\text{(gleichverteilt)} \\
&= \left[1 - (1-p)^{n-1}\right]^M &&\text{(siehe 3.2.2)} \\
&= \sum_{k=1}^{M} \binom{M}{k} (-1)^k (1-p)^{k(n-1)} + 1. &&\text{(Binomischer Lehrsatz)}
\end{aligned}$$

$$\tag{3.26}$$

Damit ergibt sich für den Erwartungswert

$$\begin{aligned}
\mathbb{E}\left[N_{\max}\right] &= \sum_{n=1}^{\infty} \mathbb{P}\left(N_{\max} \geq n\right) = \sum_{n=1}^{\infty} \left(1 - \mathbb{P}\left(N_{\max} < n\right)\right) \\
&= \sum_{n=1}^{\infty} \sum_{k=1}^{M} \binom{M}{k} (-1)^k (1-p)^{k(n-1)}
\end{aligned}$$

$$= \lim_{N \to \infty} \sum_{n=1}^{N} \sum_{k=1}^{M} \binom{M}{k} (-1)^k (1-p)^{k(n-1)}$$

$$= \sum_{k=1}^{M} \binom{M}{k} (-1)^k \lim_{N \to \infty} \sum_{n=0}^{N-1} (1-p)^{kn}$$

$$= \sum_{k=1}^{M} \binom{M}{k} (-1)^k \lim_{N \to \infty} \frac{1-(1-p)^{kN}}{1-(1-p)^k} \qquad \text{(geom. Summe)}$$

$$= \sum_{k=1}^{M} \binom{M}{k} (-1)^k \frac{1-0}{1-(1-p)^k}. \qquad (3.27)$$

$\square$

Das obige Ergebnis wird am Ende dieses Kapitels für die Herleitung einer unteren Schranke an die Wartezeit verwendet. Die Wartezeit entspricht im Optimalfall eines perfekten Speichers genau dem Maximum der Wartezeiten der einzelnen Links, da gewartet werden muss, bis auch der letzte Link aufgebaut wurde.

Das folgende Ergebnis hingegen wird erst in den nächsten Kapiteln benötigt. Sind die Speicher eines Netzwerkes nicht ganz perfekt, sondern können die aufgebauten Links nur für eine gewisse Zeit gespeichert werden, so ist der zeitliche Abstand zwischen dem ersten und dem letzten aufgebauten Link interessant. Ist dieser kürzer als die Speicherzeit, so können die aufgebauten Links verbunden werden. Andernfalls ist der erste Link schon wieder zerfallen. Mathematisch wird dieser zeitliche Abstand durch die Differenz des Maximums und des Minimums der Zufallsvariablen ausgedrückt.

Behauptung 3.2.6 *Seien* $N_1, \ldots, N_M$ *jeweils geometrisch verteilte, unabhängige Zufallsvariablen mit Erfolgswahrscheinlichkeit* p *sowie* $N_{\min} = \min\{N_1, \ldots, N_M\}$ *und* $N_{\max} = \max\{N_1, \ldots, N_M\}$ *deren Minimum und Maximum. Definiere die Differenz*

$$\Delta_M := \max\{N_1, \ldots, N_M\} - \min\{N_1, \ldots, N_M\}. \qquad (3.28)$$

Dann lautet die Wahrscheinlichkeitsverteilung der Differenz

$$\mathbb{P}\left(\Delta_M \leq \tau\right) = \frac{1}{1-q^M} \left[\left(1 - q^{\tau+1}\right)^M - q^M \left(1 - q^\tau\right)^M \right]. \qquad (3.29)$$

Beweis. Betrachte zunächst die Wahrscheinlichkeit

$$\mathbb{P}\left(\Delta_M \leq \tau, N_{\min} = n\right). \tag{3.30}$$

Diese entspricht genau der Wahrscheinlichkeit, dass $k \geq 1$ der M Zufallsvariablen den Wert n annehmen und die restlichen $M - k$ Variablen einen Wert in dem Intervall von $n + 1$ bis $n + \tau$. Da die Zufallsvariablen N_i unabhängig voneinander sind, lautet die Wahrscheinlichkeit damit

$$
\begin{aligned}
\mathbb{P}\left(\Delta_M \leq \tau, N_{\min} = n\right) &= \sum_{k=1}^{M} \binom{M}{k} \left[\mathbb{P}\left(N_i = n\right)\right]^k \cdot \left[\mathbb{P}\left(n + 1 \leq N_i \leq n + \tau\right)\right]^{M-k} \\
&= \sum_{k=1}^{M} \binom{M}{k} \left[q^{n-1}p\right]^k \cdot \left[\mathbb{P}\left(N_i \leq n + \tau\right) - \mathbb{P}\left(N_i \leq n\right)\right]^{M-k} \\
&= \sum_{k=1}^{M} \binom{M}{k} q^{(n-1)k} p^k \cdot \left[1 - q^{n+\tau} - 1 + q^n\right]^{M-k} \\
&= \sum_{k=1}^{M} \binom{M}{k} q^{nk-k} p^k q^{n(M-k)} \left[1 - q^\tau\right]^{M-k} \\
&= q^{(n-1)M} \left[\sum_{k=0}^{M} \binom{M}{k} p^k q^{M-k} \left[1 - q^\tau\right]^{M-k} - q^M \left[1 - q^\tau\right]^M\right] \\
&= q^{(n-1)M} \left[\left(p + q\left[1 - q^\tau\right]\right)^M - q^M \left(1 - q^\tau\right)^M\right] \\
&= q^{(n-1)M} \left[\left(1 - q^{\tau+1}\right)^M - q^M \left(1 - q^\tau\right)^M\right]. \tag{3.31}
\end{aligned}
$$

Damit folgt nun insbesondere

$$
\begin{aligned}
\mathbb{P}\left(\Delta_M \leq \tau\right) &= \sum_{n=1}^{\infty} \mathbb{P}\left(\Delta_M \leq \tau, N_{\min} = n\right) \\
&= \left[\left(1 - q^{\tau+1}\right)^M - q^M \left(1 - q^\tau\right)^M\right] \sum_{n=1}^{\infty} q^{(n-1)M}. \tag{3.32}
\end{aligned}
$$

Die in obigem Ausdruck auftretende Reihe entspricht genau einer geometrischen Reihe:

$$\sum_{n=1}^{\infty} q^{(n-1)M} = \sum_{n=0}^{\infty} \left(q^M\right)^n = \frac{1}{1 - q^M}. \tag{3.33}$$

Damit lautet die Wahrscheinlichkeit

$$\mathbb{P}\left(\Delta_M \le \tau\right) = \frac{1}{1 - q^M} \left[\left(1 - q^{\tau+1}\right)^M - q^M \left(1 - q^{\tau}\right)^M\right]. \tag{3.34}$$

□

Da im Folgenden häufig der Spezialfall von zwei geometrisch verteilten Zufallsvariablen betrachtet wird, sei noch eine einfachere Darstellung der obigen Wahrscheinlichkeit angegeben.

Behauptung 3.2.7 *Seien A und B zwei unabhängige Zufallsvariablen, die geometrisch verteilt mit Wahrscheinlichkeit p sind. Dann gilt für den Betrag der Differenz*

$$\mathbb{P}\left(|A - B| = n\right) = \begin{cases} \frac{2pq^n}{2-p}, & falls\, n \ne 0 \\ \frac{p}{2-p}, & falls\, n = 0 \end{cases} \tag{3.35}$$

und

$$\mathbb{E}\left[|A - B| = n\right] = \frac{2q}{p(2 - p)}. \tag{3.36}$$

Beweis. Es gilt

$$|A - B| = \max\{A, B\} - \min\{A, B\} = \Delta_2. \tag{3.37}$$

Damit lässt sich die Wahrscheinlichkeit mit $M = 2$ aus der vorherigen Behauptung berechnen. Zunächst gilt

$$1 - q^2 = 1 - (1 - p)^2 = 1 - (1 - 2p + p^2) = p(2 - p). \tag{3.38}$$

Damit ergibt sich für Δ_2:

$$\mathbb{P}\left(\Delta_2 \le n\right) = \frac{1}{1-q^2}\left[\left(1-q^{n+1}\right)^2 - q^2\left(1-q^n\right)^2\right]$$

$$= \frac{1}{p(2-p)}\left[\left(1-2q^{n+1}+q^{2n+2}\right) - q^2\left(1-2q^n+q^{2n}\right)\right]$$

$$= \frac{1}{p(2-p)}\left[1-2q^{n+1}+q^{2n+2}-q^2+2q^{n+2}-q^{2n+2}\right]$$

$$= \frac{1}{p(2-p)}\left[1-q^2-2q^{n+1}\left(1-q\right)\right]$$

$$= \frac{1}{p(2-p)}\left[p(2-p)-2pq^{n+1}\right]$$

$$= \frac{1}{2-p}\left[2-p-2q^{n+1}\right]. \tag{3.39}$$

Im Fall $n = 0$ gilt also

$$\mathbb{P}\left(|A-B|=0\right) = \mathbb{P}\left(\Delta_2 \le 0\right) = \frac{1}{2-p}\left[2-p-2q\right]$$

$$= \frac{1}{2-p}\left[2-p-2(1-p)\right]$$

$$= \frac{p}{2-p} \tag{3.40}$$

und für $n \ge 1$ folgt

$$\mathbb{P}\left(|A-B|=n\right) = \mathbb{P}\left(\Delta_2 \le n\right) - \mathbb{P}\left(\Delta_2 \le n-1\right)$$

$$= \frac{1}{2-p}\left[2-p-2q^{n+1}\right] - \frac{1}{2-p}\left[2-p-2q^n\right]$$

$$= \frac{1}{2-p}\left[2q^n(1-q)\right]$$

$$= \frac{2q^n p}{2-p}$$

$$= \frac{2q}{2-p}\mathbb{P}\left(A=n\right). \tag{3.41}$$

Für den Erwartungswert der Differenz gilt dann

$$\mathbb{E}\left[|A - B|\right] = \sum_{n=1}^{\infty} n \cdot \mathbb{P}\left(|A - B| = n\right)$$

$$= \frac{2q}{2 - p} \sum_{n=1}^{\infty} n \cdot \mathbb{P}\left(A = n\right)$$

$$= \frac{2q}{p(2 - p)} \qquad \text{(siehe 3.2.3).} \qquad (3.42)$$

□

3.3 Die Exponentialverteilung

Die Exponentialverteilung ist anschaulich das kontinuierliche Analogon zur geometrischen Verteilung. Sie beschreibt mathematisch, wie wahrscheinlich der erste Erfolg bis zum Zeitpunkt t ist. Diese Verteilung wird in Kapitel 6 benötigt, da dort nicht mehr einzelne diskrete Zeitschritte für die Erzeugung und den Zerfall der Links betrachtet werden, sondern stattdessen eine kontinuierliche Zeitskala verwendet wird.

Definition 3.3.1 Sei X eine nicht-negative reelle Zufallsvariable. X heißt *exponentialverteilt mit Parameter* $\lambda > 0$, falls

$$\mathbb{P}\left(X > t\right) = e^{-\lambda t} \qquad (3.43)$$

für alle $t \in \mathbb{R}_0^+$ gilt.

Der Erwartungswert der Exponentialverteilung entspricht dem Inversen des Parameters λ. Dies entspricht dem Erwartungswert der geometrischen Verteilung für $\lambda = p$. Im Mittel wird also ein mit Parameter λ exponentialverteilter Prozess genau so lange dauern, wie ein geometrisch verteilter Prozess mit Erfolgswahrscheinlichkeit λ.

Behauptung 3.3.2 *Sei X eine exponentialverteilte Zufallsvariable mit Parameter $\lambda > 0$. Dann gilt für den Erwartungswert von X*

$$\mathbb{E}\left[X\right] = \frac{1}{\lambda}. \qquad (3.44)$$

Beweis. Es gilt

$$\mathbb{E}[X] = \int_0^\infty \mathbb{P}(X > t)\, dt = \int_0^\infty e^{-\lambda t}\, dt$$

$$= \frac{-1}{\lambda} \left[e^{-\lambda t} \right]_0^\infty$$

$$= \frac{-1}{\lambda} [0 - 1] = \frac{1}{\lambda}. \tag{3.45}$$

□

Wird der Aufbau zweier Links durch zwei kontinuierliche exponentialverteilte Zufallsvariablen beschrieben, so ist im Falle eines perfekten Speichers von Interesse, wie lange für den Aufbau zweier Links im Mittel gewartet werden muss. Dies entspricht genau dem Mittelwert des Maximums der beiden einzelnen exponentialverteilten Zufallsvariablen.

Behauptung 3.3.3 *Seien X_1 und X_2 zwei unabhängige, exponentialverteilte Zufallsvariablen mit Parameter $\lambda > 0$. Dann gilt für den Erwartungswert des Maximums $N_{\max} = \max\{X_1, X_2\}$ dieser zwei Zufallsvariablen*

$$\mathbb{E}[N_{\max}] = \frac{3}{2}\frac{1}{\lambda} = \frac{3}{2}\mathbb{E}[X_1]. \tag{3.46}$$

Beweis. Zunächst gilt

$$\mathbb{P}(N_{\max} \le t) = \mathbb{P}(\max\{X_1, X_2\} \le t) = \mathbb{P}(X_1 \le t, X_2 \le t)$$

$$= \mathbb{P}(X_1 \le t) \cdot \mathbb{P}(X_2 \le t) \qquad \text{(unabhängig)}$$

$$= [1 - \mathbb{P}(X_1 > t)]^2 \qquad \text{(gleichverteilt)}$$

$$= \left[1 - e^{-\lambda t}\right]^2. \tag{3.47}$$

Für den Erwartungswert des Maximums folgt daher

$$\mathbb{E}[N_{\max}] = \int_0^\infty \mathbb{P}(N > t)\, dt = \int_0^\infty 1 - \mathbb{P}(N \le t)\, dt$$

$$= \int_0^\infty 1 - \left[1 - e^{-\lambda t}\right]^2 dt$$

$$= \int_0^\infty 1 - \left[1 - 2e^{-\lambda t} + e^{-2\lambda t} \right] \mathrm{d}t$$

$$= 2 \int_0^\infty e^{-\lambda t} \, \mathrm{d}t - \int_0^\infty e^{-2\lambda t} \, \mathrm{d}t$$

$$= 2 \frac{1}{\lambda} - \frac{1}{2\lambda}$$

$$= \frac{3}{2} \frac{1}{\lambda}. \tag{3.48}$$

$\square$

Im nächsten Kapitel werden die bisherigen stochastischen Aussagen verwendet, um einige grundlegende Eigenschaften von Netzwerken zu charakterisieren.

3.4   Grundaussagen über Netzwerke

In diesem Kapitel werden einige Grundaussagen über Netzwerke gezeigt. Zunächst wird der Zusammenhang zwischen der Erzeugung der am Verschränkungsaustausch beteiligten Links und dem Verschränkungsaustausch selbst betrachtet. Bis der erste lange verschränkte Link von Alice zu Bob existiert (s. Abb. 2.2), müssen zunächst die einzelnen Links aufgebaut werden und dann der Verschränkungsaustausch durchgeführt werden. Die Zeit bis zum ersten langen verschränkten Link setzt sich also aus den Zeiten zusammen, die diese beiden Prozesse benötigen.

Anschließend werden eine obere und untere Schranke für die Wartezeit in einem Netzwerk aus M Links angegeben. Diese Schranken gelten unabhängig von der exakten Modellierung des Quantenspeichers, so lange die Zeit in diskrete Zeitschritte aufgeteilt wird.

3.4.1   Der Zusammenhang zwischen T und Z

Für die Beschreibung des Zusammenhangs zwischen Linkerzeugung und Verschränkungsaustausch werden zunächst zwei Zufallsvariablen eingeführt. Die Zufallsvariable Z beschreibt die Zeit, bis der erste Verschränkungsaustausch versucht wird. Dabei wird genau dann eine Verschränkung der beteiligten Links versucht, wenn alle benötigten Links nebeneinander existieren. Die Zufallsvariable T beschreibt hingegen die Zeit bis zum ersten erfolgreichen Verschränkungsaustausch, bis also der erste verschränkte Link aus den kürzeren Links erzeugt wurde. Die folgende Herleitung entstammt einer Arbeit von Collins et al. [3].

Um den Zusammenhang zwischen T und Z anzugeben, wird eine Zufallsvariable Y verwendet, die indiziert, ob ein Verschränkungsaustausch erfolgreich war. Damit gilt $Y_i = 1$ genau dann, wenn der i-te Verschränkungsaustausch erfolgreich war. Falls der Verschränkungsaustausch nicht funktioniert hat, gilt hingegen $Y_i = 0$. Die Zufallsvariable Z_i beschreibt dann die Zeit, die zwischen dem $(i-1)$-ten und dem i-ten Versuch vergangen ist. Ein Verschränkungsaustausch dauert zudem einen Zeitschritt.

Ist nun der erste Verschränkungsversuch erfolgreich, so gilt $Y_1 = 1$ und es ist die Zeit $Z_1 + 1$ vergangen. Ist hingegen erst der zweite Versuch erfolgreich, so ist schon die Zeit bis zum ersten Versuch $Z_1 + 1$ und zusätzlich die Zeit bis zum zweiten Versuch $Z_2 + 1$ vergangen. Damit folgt

$$
\begin{aligned}
T = {} & (Z_1 + 1)Y_1 + (Z_1 + Z_2 + 2)(1 - Y_1)Y_2 \\
& + (Z_1 + Z_2 + Z_3 + 3)(1 - Y_1)(1 - Y_2)Y_3 + \dots
\end{aligned} \tag{3.49}
$$

Der Erwartungswert von T gibt die mittlere Wartezeit an, bis ein Verschränkungsversuch erfolgreich war und damit ein langer Link zwischen A und B erzeugt werden konnte. Da die Wartezeiten Z_i bis zu den jeweiligen Versuchen unabhängig voneinander und gleichverteilt sind, und der Erfolg der einzelnen Versuche nicht von den anderen Versuchen abhängt, ergibt sich für den Erwartungswert von T

$$
\begin{aligned}
\mathbb{E}[T] &= (\mathbb{E}[Z_1] + 1)\mathbb{E}[Y_1] + (\mathbb{E}[Z_1] + \mathbb{E}[Z_2] + 2)(1 - \mathbb{E}[Y_1])\mathbb{E}[Y_2] \dots \\
&= \sum_{k=1}^{\infty} k(\mathbb{E}[Z] + 1) \cdot (1 - \mathbb{E}[Y])^{k-1}\mathbb{E}[Y] \\
&= (\mathbb{E}[Z] + 1)\sum_{k=1}^{\infty} k(1 - \mathbb{E}[Y])^{k-1}\mathbb{E}[Y].
\end{aligned} \tag{3.50}
$$

Die Zufallsvariable Y kann nur zwei Werte annehmen: Ist der Verschränkungsversuch erfolgreich, so nimmt sie den Wert 1 an; funktioniert der Verschränkungsversuch nicht, so nimmt sie den Wert 0 an. Da der Verschränkungsversuch genau mit der Wahrscheinlichkeit p_{VA} erfolgreich ist, ergibt sich für den Erwartungswert von Y

$$\mathbb{E}[Y] = 1 \cdot \mathbb{P}(Y = 1) + 0 \cdot \mathbb{P}(Y = 0)$$
$$= \mathbb{P}(Y = 1)$$
$$= p_{\text{VA}}. \tag{3.51}$$

Damit entspricht die oben auftretende Reihe gerade dem Erwartungswert einer geometrisch verteilten Zufallsvariable mit Erfolgswahrscheinlichkeit p_{VA}. Nach Lemma 3.2.3 gilt

$$\sum_{k=1}^{\infty} k(1 - p_{\text{VA}})^{k-1} p_{\text{VA}} = \frac{1}{p_{\text{VA}}}. \tag{3.52}$$

Insgesamt gilt also:

Beschreibt Z die Zeit bis zum ersten gleichzeitigen Auftreten aller Links und T die Zeit, bis ein Verschränkungsaustausch dieser Links erfolgreich war, so gilt

$$\mathbb{E}[T] = \frac{(\mathbb{E}[Z] + 1)}{p_{\text{VA}}}. \tag{3.53}$$

Intuitiv ist diese Aussage verständlich: Funktioniert der Verschränkungsaustausch mit Wahrscheinlichkeit $p_{\text{VA}} = 1/2$, so werden im Mittel zwei Verschränkungsversuche benötigt. Jeder Versuch benötigt einen Zeitschritt und bis ein Verschränkungsversuch unternommen werden kann, vergeht im Mittel die Zeit $\mathbb{E}[Z]$. Damit ist die erwartete Zeit bis zum ersten erfolgreichen Verschränkungsaustausch genau

$$\mathbb{E}[T] = 2 \cdot (\mathbb{E}[Z] + 1) = \frac{(\mathbb{E}[Z] + 1)}{p_{\text{VA}}}. \tag{3.54}$$

Um nun die mittlere Wartezeit bis zum ersten erfolgreichen Verschränkungsaustausch zu berechnen, wird die mittlere Zeit $\mathbb{E}[Z]$ bis zum Aufbau aller beteiligten Links benötigt. Im folgenden Kapitel werden zwei Schranken für $\mathbb{E}[Z]$ angegeben, die in jedem beliebigen Netzwerk aus M Verbindungen gelten.

3.4.2 Allgemeine Schranken für die Wartezeit

Wie in Abschnitt 2.2 gesehen, gibt es verschiedene Ansätze, den Quantenspeicher zu modellieren. Unabhängig von dem verwendeten Modell kann jedoch stets eine allgemeine obere und untere Schranke für die Wartezeit angegeben werden, die nur von der Erfolgswahrscheinlichkeit der Link-Erzeugung und der Anzahl der Verbindungen abhängt. Die Berechnung dieser Schranken entstammt einer Arbeit von Khatri et al. [14].

Betrachtet wird dazu ein Netzwerk mit M Verbindungen, die beliebig angeordnet sein können. Alle diese Verbindungen besitzen die Entstehungswahrscheinlichkeit p. Die untere und obere Schranke ergeben sich nun durch die beiden Extremfälle des Quantenspeichers. Im Optimalfall wird der Quantenspeicher perfekt sein, so dass jeder entstandene Link unendlich lange gespeichert werden kann. Im schlechtesten Fall hingegen ist kein Speicher vorhanden. Ein entstandener Link kann also nicht gespeichert werden. In der Realität wird die Qualität des Speichers zwischen diesen beiden Extremen liegen. Zunächst werden nun die Wartezeiten in diesen beiden Fällen berechnet. Dazu bezeichnet die Zufallsvariable $Z(M, \tau)$ die Anzahl der Zeitschritte, bis alle M Links nebeneinander aufgebaut sind.

Allgemeine obere Schranke Im schlechtesten Fall können die aufgebauten Links nicht gespeichert werden, sondern müssen in jedem Schritt neu erzeugt werden. Die Speicherdauer einer Verbindung lautet also $\tau = 1$. Die Anzahl der benötigten Zeitschritte $Z(M, 1)$ entspricht also genau der Anzahl der Zeitschritte, bis alle M Links gleichzeitig in einem einzigen Zeitschritt aufgebaut werden. Die Wahrscheinlichkeit, dass M Erfolge gleichzeitig auftreten, ist durch $\tilde{p} = p_{\uparrow}^{M}$ gegeben und dieser Vorgang ist (genau wie der Aufbau eines einzelnen Links) geometrisch verteilt. Damit lautet der Erwartungswert dieses Vorgangs nach Lemma 3.2.3

$$\mathbb{E}\left[Z(M, 1)\right] = \frac{1}{p_{\uparrow}^{M}}. \tag{3.55}$$

Wenn der Speicher nun nicht diesem Extrem entspricht, sondern die Links mehrere Zeitschritte gespeichert werden können, so werden im Mittel weniger Schritte zum Aufbau der M Verbindungen benötigt. Damit ist der Erwartungswert von $Z(M, \tau)$ durch $\mathbb{E}\left[Z(M, 1)\right]$ nach oben beschränkt:

$$\mathbb{E}\left[Z(M, \tau)\right] \leq \mathbb{E}\left[Z(M, 1)\right] = \frac{1}{p_{\uparrow}^{M}}. \tag{3.56}$$

Allgemeine untere Schranke Im Idealfall besitzt der verwendete Quantenspeicher nun eine unendliche Speicherdauer $\tau = \infty$, d. h. eine einmal aufgebaute Verbindung wird nie wieder zerstört. In diesem Fall entspricht die Anzahl der benötigten Zeitschritte $Z(M, \infty)$ genau der Anzahl der Schritte, bis auch die letzte Verbindung aufgebaut worden ist. Bezeichnet man mit Z_k die Anzahl der Schritte, bis die k-te Verbindung aufgebaut worden ist, so gilt $Z(M, \infty) = \max\{Z_1, \ldots, Z_M\}$. Damit lautet der Erwartungswert dieses Vorgangs nach Lemma 3.2.5

$$\mathbb{E}\left[Z(M, \infty)\right] = \mathbb{E}\left[\max\{Z_1, \ldots, Z_M\}\right] = \sum_{k=1}^{M} \binom{M}{k} \frac{(-1)^{k+1}}{1 - (1 - p_\uparrow)^k}. \qquad (3.57)$$

Da für eine kürzere Speicherzeit $\tau < \infty$ die Anzahl der benötigten Versuche $Z(M, \tau)$ durch die Anzahl Z_k nach unten beschränkt ist, gilt auch $Z(M, \tau) \geq \max\{N_1, \ldots, N_M\}$ und damit insbesondere auch für den Erwartungswert

$$\mathbb{E}\left[Z(M, \tau)\right] \geq \mathbb{E}\left[Z(M, \infty)\right] = \sum_{k=1}^{M} \binom{M}{k} \frac{(-1)^{k+1}}{1 - (1 - p_\uparrow)^k}. \qquad (3.58)$$

Insgesamt folgen aus den obigen Überlegungen damit die allgemeine obere und untere Schranke für die mittlere Anzahl der Versuche, M Verbindungen aufzubauen.

Ist M die Anzahl der Verbindungen und $1 \leq \tau \leq \infty$ die Zeit, die ein einmal aufgebauter Link gespeichert wird, so gilt für die Zeit $Z(M, \tau)$, bis alle M Links gleichzeitig aufgebaut sind,

$$\sum_{k=1}^{M} \binom{M}{k} \frac{(-1)^{k+1}}{1 - (1 - p_\uparrow)^k} \leq \mathbb{E}\left[Z(M, \tau)\right] \leq \frac{1}{p_\uparrow^M}. \qquad (3.59)$$

Im folgenden Kapitel werden nun die obigen Ergebnisse verwendet, um eine Näherung für die Wartezeit in einem Quantennetzwerk zu berechnen, das nicht perfekte Speicher besitzt. In diesem Fall wird der Speicher dadurch modelliert, dass einmal entstandene Links nach τ Zeitschritten wieder zerfallen und neu aufgebaut werden müssen.

Wartezeit bei einer festen Speicherdauer

4

In Abschnitt 2.2.3 wurden zwei verschiedene Modelle für einen Quantenspeicher in einer Repeaterkette erläutert. Das erste dieser Modelle besagt, dass ein mit Erzeugungswahrscheinlichkeit $p_\uparrow$ entstandener Link für τ Zeitschritte gespeichert wird, eher er zerfällt bzw. nicht mehr nutzbar ist. Danach muss ein neuer Link erzeugt werden. Dieses Modell soll in dem folgenden Kapitel näher betrachtet werden und die Wartezeit, bis alle für einen Verschränkungsaustausch benötigten Links entstanden sind, berechnet werden. Der Verschränkungsaustausch wird also vernachlässigt. Es geht lediglich um die Wartezeit, bis ein Verschränkungsaustausch möglich wäre. Im ersten Teil des Kapitels wird zunächst die einfachst mögliche Repeaterkette mit nur zwei Verbindungen betrachtet. Die hier vorgestellten Berechnungen sind eine Ausarbeitung des Artikels von Collins et al. [3]. Anschließend werden diese Berechnungen im zweiten Teil des Kapitels auf den Fall von M Verbindungen verallgemeinert.

4.1 Wartezeit für zwei Verbindungen

In diesem Abschnitt wird die einfachst mögliche Repeaterkette betrachtet. Diese besteht aus lediglich zwei Links und ist in Abb. 2.2 dargestellt. Die Wartezeit entspricht also genau der Zeit, bis beide Links nebeneinander existieren.

4.1.1 Zwei Links, unendliche Speicherdauer: eine alternative Herleitung

Im Optimalfall sind die verwendeten Quantenspeicher perfekt, d. h. jeder einmal aufgebaute Link bleibt unendlich lange bestehen. Die Speicherdauer entspricht also $\tau \to \infty$. In Gleichung (3.59) wurde schon gezeigt, dass in diesem Fall

© Der/die Autor(en), exklusiv lizenziert an Springer Fachmedien Wiesbaden GmbH, ein Teil von Springer Nature 2023
L. T. Weinbrenner, *Charakterisierung von Wartezeiten in verschiedenen Modellen von Quantennetzwerken*, BestMasters,
https://doi.org/10.1007/978-3-658-43267-6_4

$$\mathbb{E}[Z] = \sum_{k=1}^{2} \binom{2}{k} \frac{(-1)^{k+1}}{1 - (1 - p_\uparrow)^k} = \frac{2}{1 - (1 - p_\uparrow)^1} - \frac{1}{1 - (1 - p_\uparrow)^2}$$

$$= \frac{2}{p_\uparrow} - \frac{1}{p_\uparrow(2 - p_\uparrow)}$$

$$= \frac{3 - 2p_\uparrow}{p_\uparrow(2 - p_\uparrow)} \tag{4.1}$$

gilt. In dem Artikel von Collins et al. [3] wird eine alternative Berechnung dieses Ausdrucks angegeben, die hier für das Verständnis der folgenden Kapitel kurz erläutert werden soll.

Falls ein einmal erzeugter Link nicht mehr zerfällt, muss für einen Verschränkungsversuch nur gewartet werden, bis beide Links (einmal) aufgebaut wurden. Beschreiben die Zufallsvariablen A und B jeweils die Wartezeiten für die zwei einzelnen Links, so gilt für die Wartezeit bis zum Verschränkungsversuch also $Z = \max\{A, B\}$. Das Maximum zweier Zahlen kann aber auch über das Minimum und die Differenz dieser Zahlen ausgedrückt werden als

$$Z = \max\{A, B\} = \min\{A, B\} + |A - B|. \tag{4.2}$$

Damit gilt für den Erwartungswert von Z

$$\mathbb{E}[Z] = \mathbb{E}[\min\{A, B\}] + \mathbb{E}[|A - B|] \qquad \text{(siehe 3.2.4 und 3.2.7)}$$

$$= \frac{1}{1 - (1 - p_\uparrow)^2} + \frac{2(1 - p_\uparrow)}{p_\uparrow(2 - p_\uparrow)}$$

$$= \frac{3 - 2p_\uparrow}{p_\uparrow(2 - p_\uparrow)}. \tag{4.3}$$

Im nächsten Abschnitt wird nun die mittlere Wartezeit im Fall eines endlichen Quantenspeichers $\tau < \infty$ berechnet.

4.1.2 Zwei Links, beliebige Speicherdauer

Im Falle eines endlichen Quantenspeichers mit einer Speicherdauer von $\tau < \infty$ wird die Berechnung der Wartezeit Z dadurch erschwert, dass einmal erzeugte Links wieder zerfallen. Um die Wartezeit für diesen Fall zu berechnen, wird die Zeit ähnlich wie bei der Herleitung von Gleichung (3.49) in Runden aufgeteilt.

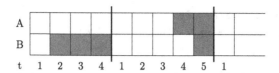

Abbildung 4.1 Schematische Darstellung der Speicherung zweier Links für eine Speicherdauer von $\tau = 3$; die erste Runde dauert 4 Zeitschritte und ist nicht erfolgreich; der erste
entstandene Link B zerfällt wieder und die nächste Runde beginnt; diese ist erfolgreich, da
der zweite Link B während der Speicherdauer des ersten Links A erzeugt wird.

Dazu wird die Zufallsvariable K eingeführt. In Abbildung 4.1 ist der Ablauf des
Linkaufbaus schematisch dargestellt. Eine Runde ist dadurch gekennzeichnet, dass
mindestens einer der beiden Links aufgebaut wurde. Sie ist erfolglos, wenn nur einer
der zwei Links aufgebaut wurde, und endet in diesem Fall mit dem Zerfall dieses
Links. Gelingt es jedoch, beide Links innerhalb der Speicherdauer τ aufzubauen,
so ist die Runde erfolgreich. K indiziert nun, ob eine Runde erfolgreich ist. Ist die
i-te Runde erfolgreich, so gilt $K_i = 1$; ansonsten gilt $K_i = 0$.

Die Zufallsvariablen A_i und B_i beschreiben nun die zwei Links A und B in
der i-ten Runde. Da die Runde erfolgreich ist, wenn beide Links innerhalb der
Speicherdauer τ aufgebaut wurden, ist genau dann $K_i = 1$, falls $|A_i - B_i| < \tau$ gilt.

Ist die erste Runde erfolgreich ($K_1 = 1$), so muss lediglich bis zum Aufbau des noch fehlenden Links, also bis zum Maximum der zwei Zufallsvariablen
$\max\{A_1, B_1\}$ gewartet werden. Ist jedoch erst die zweite Runde erfolgreich ($K_1 = 0$,
$K_2 = 1$), so wurde bereits bis zum Erscheinen des ersten Links der ersten Runde
$\min\{A_1, B_1\}$ gewartet. Danach ist die Speicherzeit $\tau - 1$ verstrichen, ehe die zweite
Runde beginnt. In dieser muss wiederum (da sie erfolgreich ist) nur bis zum Maximum der zwei Links $\max\{A_2, B_2\}$ gewartet werden. Die weiteren Runden ergeben
sich analog. Damit erhält man insgesamt für die Wartezeit, bis beide Links erzeugt
wurden,

$$
\begin{aligned}
Z &= \max\{A_1, B_1\}K_1 + [\min\{A_1, B_1\} + (\tau - 1) + \max\{A_2, B_2\}](1 - K_1)K_2 + \dots \\
&= [\min\{A_1, B_1\} + |A_1 - B_1|]K_1 \\
&\quad + [\min\{A_1, B_1\} + (\tau - 1) + \min\{A_2, B_2\} + |A_2 - B_2|](1 - K_1)K_2 + \dots \quad (4.4)
\end{aligned}
$$

Da die Zufallsvariablen $\min\{A_i, B_i\}$ und K_i jeweils unabhängig voneinander sind
und unterschiedliche Runden i und j gleichverteilt und unabhängig voneinander
sind, gilt für den Erwartungswert von Z:

$$\mathbb{E}[Z] = \mathbb{E}[\min\{A, B\}]\mathbb{E}[K] + \mathbb{E}[|A - B| \cdot K]$$
$$+ [2\mathbb{E}[\min\{A, B\}] + (\tau - 1)](1 - \mathbb{E}[K])\mathbb{E}[K]$$
$$+ \mathbb{E}[|A - B| \cdot K](1 - \mathbb{E}[K]) + \ldots$$
$$= \mathbb{E}[\min\{A, B\}]\sum_{k=1}^{\infty} k \cdot (1 - \mathbb{E}[K])^{k-1}\mathbb{E}[K] + \mathbb{E}[|A - B| \cdot K]\sum_{k=0}^{\infty}(1 - \mathbb{E}[K])^{k}$$
$$+ (\tau - 1)(1 - \mathbb{E}[K])\sum_{k=1}^{\infty} k \cdot (1 - \mathbb{E}[K])^{k-1}\mathbb{E}[K]. \tag{4.5}$$

Die hierbei auftretenden Reihen können weiter vereinfacht werden. Dazu wird der Erwartungswert der Zufallsvariablen K berechnet. Die Zufallsvariable K kann lediglich zwei Werte annehmen: Es gilt $K = 1$, falls die Differenz von A und B kleiner ist als die mögliche Speicherzeit τ. Falls das nicht der Fall ist, gilt $K = 0$. Damit gilt für den Erwartungswert von K

$$\mathbb{E}[K] = 1 \cdot \mathbb{P}(K = 1) + 0 \cdot \mathbb{P}(K = 0) = \mathbb{P}(K = 1) = \mathbb{P}(|A - B| < \tau). \tag{4.6}$$

Die erste und letzte oben auftretende Reihe entsprechen also genau dem Erwartungswert einer geometrisch verteilten Zufallsvariable mit Erfolgswahrscheinlichkeit $\mathbb{E}[K] = \mathbb{P}(|A - B| < \tau)$. Nach Lemma 3.2.3 gilt damit

$$\sum_{k=1}^{\infty} k \cdot (1 - \mathbb{E}[K])^{k-1}\mathbb{E}[K] = \frac{1}{\mathbb{E}[K]}. \tag{4.7}$$

Die verbleibende zweite Reihe ist eine geometrische Reihe. Da $1 - \mathbb{E}[K] = 1 - \mathbb{P}(|A - B| < \tau)$ in $(0, 1)$ liegt, konvergiert die Reihe

$$\sum_{k=0}^{\infty}(1 - \mathbb{E}[K])^{k} = \frac{1}{1 - (1 - \mathbb{E}[K])} = \frac{1}{\mathbb{E}[K]}. \tag{4.8}$$

Insgesamt gilt damit

$$\mathbb{E}[Z] = \frac{1}{\mathbb{E}[K]}\big[\mathbb{E}[\min\{A, B\}] + \mathbb{E}[|A - B| \cdot K] + (\tau - 1)(1 - \mathbb{E}[K])\big]. \tag{4.9}$$

Intuitiv ist Gleichung 4.9 durch die Aufteilung in verschiedene Runden verständlich. $\frac{1}{\mathbb{E}[K]}$ ist genau der Erwartungswert einer geometrisch verteilten Zufallsvariablen mit Erfolgswahrscheinlichkeit $\mathbb{P}(|A - B| < \tau)$, d. h. dieser Faktor gibt an, wie viele Runden im Mittel vergehen, bis eine Runde erfolgreich war. Der Ausdruck in der Klammer entspricht der durchschnittlichen Dauer einer Runde. Ist die Runde erfolgreich ($K = 1$), so besteht sie aus der Zeit bis zum Aufbau des ersten Links $\mathbb{E}[\min\{A, B\}]$ und zusätzlich der Zeit bis zum Aufbau des zweiten Links $\mathbb{E}[|A - B| \cdot K]$. Ist die Runde jedoch nicht erfolgreich verlaufen, so ist ebenfalls die Zeit bis zum Aufbau des ersten Links vergangen. Hier wird jedoch die Zeit bis zum Zerfall eben dieses Links $\tau - 1$ noch zusätzlich benötigt.

Die weiteren Terme in Gleichung (4.9) können mit den Ergebnissen aus Abschnitt 3.1 berechnet werden. Zunächst gilt für das Minimum zweier geometrisch verteilter Zufallsvariablen nach Lemma 3.2.4

$$\mathbb{E}[\min\{A, B\}] = \frac{1}{1 - (1 - p_\uparrow)^2} = \frac{1}{p_\uparrow(2 - p_\uparrow)}. \tag{4.10}$$

Mit Behauptung 3.2.7 folgt direkt

$$\mathbb{E}[K] = \mathbb{P}(\Delta_2 \leq \tau - 1) = \frac{1}{2 - p_\uparrow}\left[2 - p_\uparrow - 2q_\uparrow^\tau\right]. \tag{4.11}$$

Der letzte zu berechnende Term ist damit $\mathbb{E}[|A - B| \cdot K]$. Im Gegensatz zu den anderen Produkten sind hier die Zufallsvariablen nicht unabhängig. Der Wert der Zufallsvariablen K hängt direkt von dem Wert der Variablen $|A - B|$ ab. Im Fall $|A - B| = n < \tau$ gilt $K = 1$ und damit $\mathbb{P}(|A - B| \cdot K = n) = \mathbb{P}(|A - B| = n)$. Ist $|A - B| = n$ allerdings größer als τ, so ist $K = 0$ und damit $\mathbb{P}(|A - B| \cdot K = n) = 0$.

Insgesamt folgt damit für den Erwartungswert des Produktes mit den Ergebnissen aus Kapitel 3:

$$\mathbb{E}[|A - B| \cdot K] = \sum_{n=0}^{\infty} n \cdot \mathbb{P}(|A - B| \cdot K = n) = \sum_{n=0}^{\tau-1} n \cdot \mathbb{P}(|A - B| = n)$$

$$= \sum_{n=1}^{\tau-1} n \cdot \frac{2p_\uparrow q_\uparrow^n}{2 - p_\uparrow} \qquad \text{(siehe 3.2.7)}$$

$$= \frac{2p_\uparrow q_\uparrow}{2 - p_\uparrow} \sum_{n=1}^{\tau-1} n q_\uparrow^{n-1}. \tag{4.12}$$

Diese Summe kann weiter umgeformt werden zu

$$
\mathbb{E}\left[|A - B| \cdot K\right] = \frac{2p_\uparrow q_\uparrow}{2 - p_\uparrow} \frac{\mathrm{d}}{\mathrm{d}q_\uparrow} \sum_{n=0}^{\tau-1} q_\uparrow^n
$$

$$
= \frac{2p_\uparrow q_\uparrow}{2 - p_\uparrow} \frac{\mathrm{d}}{\mathrm{d}q_\uparrow} \frac{1 - q_\uparrow^\tau}{1 - q_\uparrow} \qquad \text{(geom. Summe)}
$$

$$
= \frac{2p_\uparrow q_\uparrow}{2 - p_\uparrow} \left[\frac{-\tau q_\uparrow^{\tau-1}}{1 - q_\uparrow} - (-1)\frac{1 - q_\uparrow^\tau}{(1 - q_\uparrow)^2} \right]
$$

$$
= \frac{2q_\uparrow}{(2 - p_\uparrow)} \left[-\tau q_\uparrow^{\tau-1} + \frac{1 - q_\uparrow^\tau}{p_\uparrow} \right]. \tag{4.13}
$$

Setzt man dies nun alles in 4.9 ein, so erhält man:

$$
\mathbb{E}[Z] = \frac{2 - p_\uparrow}{2 - p_\uparrow - 2q_\uparrow^\tau} \left[\frac{1}{p_\uparrow(2 - p_\uparrow)} + \frac{2q_\uparrow}{(2 - p_\uparrow)} \left(-\tau q_\uparrow^{\tau-1} + \frac{1 - q_\uparrow^\tau}{p_\uparrow} \right) \right.
$$

$$
\left. + (\tau - 1)(1 - \frac{2 - p_\uparrow - 2q_\uparrow^\tau}{2 - p_\uparrow}) \right]
$$

$$
= \frac{1}{2 - p_\uparrow - 2q_\uparrow^\tau} \left[\frac{1}{p_\uparrow} + 2q_\uparrow \left(-\tau q_\uparrow^{\tau-1} + \frac{1 - q_\uparrow^\tau}{p_\uparrow} \right) + (\tau - 1) \cdot 2q_\uparrow^\tau) \right]
$$

$$
= \frac{1}{2 - p_\uparrow - 2q_\uparrow^\tau} \left[\frac{1 + 2q_\uparrow - 2q_\uparrow^{\tau+1}}{p_\uparrow} - 2\tau q_\uparrow^\tau + 2\tau q_\uparrow^\tau - 2q_\uparrow^\tau \right]
$$

$$
= \frac{1}{p_\uparrow(2 - p_\uparrow - 2q_\uparrow^\tau)} \left[1 + 2q_\uparrow - 2q_\uparrow q_\uparrow^\tau - 2p_\uparrow q_\uparrow^\tau \right]
$$

$$
= \frac{1}{p_\uparrow(2 - p_\uparrow - 2q_\uparrow^\tau)} \left[1 + 2q_\uparrow - 2q_\uparrow^\tau \right]. \tag{4.14}
$$

Damit ergibt sich nun insgesamt:

Für zwei Verbindungen und eine Speicherzeit von $1 \leq \tau < \infty$ gilt für die Zeit Z bis zum Aufbau der zwei Links

$$
\mathbb{E}[Z] = \frac{\left[1 + 2q_\uparrow - 2q_\uparrow^\tau \right]}{p_\uparrow(2 - p_\uparrow - 2q_\uparrow^\tau)}. \tag{4.15}
$$

Zur Probe können die zwei Grenzfälle eines perfekten und eines nicht vorhandenen Speichers überprüft werden. Für einen perfekten Speichers ist der Grenzfall $\tau \to \infty$ der Speicherdauer zu betrachten. Da die Wahrscheinlichkeit $q_\uparrow < 1$ erfüllt, gilt für den Grenzwert

$$
\begin{aligned}
\mathbb{E}[Z_\infty] &= \lim_{\tau \to \infty} \mathbb{E}[Z_\tau] = \lim_{\tau \to \infty} \frac{1}{p_\uparrow(2 - p_\uparrow - 2q_\uparrow^\tau)} \left[1 + 2q_\uparrow - 2q_\uparrow^\tau\right] \\
&= \frac{1 + 2q_\uparrow}{p_\uparrow(2 - p_\uparrow)} \\
&= \frac{3 - 2p_\uparrow}{p_\uparrow(2 - p_\uparrow)}
\end{aligned}
\tag{4.16}
$$

Falls der Quantenspeicher defekt ist und jeder entstandene Link nur einen Zeitschritt gespeichert werden kann ($\tau = 1$), so gilt

$$
\begin{aligned}
\mathbb{E}[Z_1] &= \frac{1}{p_\uparrow(2 - p_\uparrow - 2q_\uparrow)} \left[1 + 2q_\uparrow - 2q_\uparrow\right] \\
&= \frac{1}{p_\uparrow(2 - p_\uparrow - 2(1 - p_\uparrow))} \\
&= \frac{1}{p_\uparrow^2}.
\end{aligned}
\tag{4.17}
$$

Dies stimmt genau mit den Schranken in Gleichung (3.59) überein.

Im folgenden Abschnitt werden die obigen Ergebnisse nun auf M Verbindungen verallgemeinert.

4.2 Wartezeit für beliebig viele Verbindungen

Im letzten Kapitel wurde die Wartezeit bis zum Aufbau von 2 Links berechnet, wenn diese genau τ Zeitschritte gepeichert werden. Im Fall von $M \geq 3$ Verbindungen erschwert sich die Berechnung jedoch, da die Links zeitlich gegeneinander verschoben aufgebaut werden können. So können z. B. in jedem Zeitschritt 2 Links nebeneinander existieren, ohne dass je alle M Links in einem Zeitschritt gleichzeitig existieren. Dieses Problem ergab sich im Fall von 2 Links nicht. Um die Ergebnisse des letzten Kapitels dennoch auf M Links verallgemeinern zu können, wird hier die folgende Näherung gewählt.

In der Herleitung des Ausdrucks für die Wartezeit Z wurde der Prozess in Runden aufgeteilt. Eine Runde endete jeweils, wenn sie entweder erfolgreich war oder der erste erzeugte Link zerfiel. Wendet man dies auf M Links an, so ergibt sich ein Ablauf des Linkaufbaus wie in Abbildung 4.2 dargestellt. Die unerfolgreichen Runden enden, wenn der erste aufgebaute Link zerfällt. Damit die Runden jeweils gleich aufgebaut sind, werden auch alle weiteren Links, die evtl. noch einige Zeitschritte hätten gespeichert werden können, zerstört. Insgesamt wird die Wartezeit mit dieser Näherung eher überschätzt, da Links zerstört werden, die noch genutzt werden könnten. Der hier berechnete Ausdruck ist also eine obere Schranke für die Wartezeit. Die hier vorgestellte Herleitung der Wartezeit verallgemeinert die Berechnung für zwei Links aus dem Artikel von Collins et al. [3]. Eine alternative Herleitung findet sich auch in dem Artikel von Praxmeyer [4].

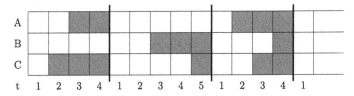

Abbildung 4.2 Schematische Darstellung der Speicherung dreier Links für eine Speicherdauer von $\tau = 3$; die erste Runde dauert 4 Zeitschritte und ist nicht erfolgreich; der erste entstandene Link C zerfällt wieder und der eigentlich noch brauchbare Link A wird zerstört; die zweite Runde dauert 5 Zeitschritte und ist ebenfalls nicht erfolgreich; hier wird Link C beim Zerfallen von Link B ebenfalls zerstört, auch wenn er noch 2 Zeitschritt hätte gespeichert werden können; die dritte Runde ist erfolgreich, da alle Links aufgebaut werden, ehe der erste zerfällt.

Eine weitere Beobachtung ist, dass hier keine Einschränkung an die Anordnung der M Verbindungen gestellt wird. Die M Links können potentiell auch wie in Abbildung 4.3 gezeigt angeordnet sein. Es geht hier lediglich um die Berechnung der Wartezeit, bis die M Links gleichzeitig existieren. In der Praxis wird es jedoch meist nicht ideal sein, erst alle Verbindungen zu erzeugen und dann erst Verschränkungsaustausche zu versuchen. Für größere Werte von M ist es vermutlich sinnvoller, den Verschränkungsaustausch gemeinsam mit der Erzeugung der Links als Gesamtprozess zu betrachten.

Die Berechnung der Wartezeit folgt im Wesentlichen vollständig der Rechnung des letzten Kapitels. Der wesentliche Unterschied ergibt sich daraus, dass nun mehr als 2 Verbindungen betrachtet werden und damit nicht mehr

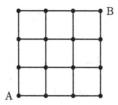

Abbildung 4.3 Beispiel eines Netzwerks mit $M = 24$ Verbindungen.

$$\max\{A, B\} = \min\{A, B\} + |A - B| \qquad (4.18)$$

gilt. Stattdessen kann das Maximum von M Zufallsvariablen aber in das Minimum und die Differenz zwischen Maximum und Minimum zerlegt werden:

$$\max\{A_1, A_2, \ldots A_M\} = \min\{A_1, A_2, \ldots A_M\} + \Delta_M. \qquad (4.19)$$

Der Ausdruck (4.9) ergibt sich damit vollständig analog mit Δ_M anstelle von $|A - B|$.

Insgesamt gilt damit für M Links

$$\mathbb{E}[Z] = \frac{1}{\mathbb{E}[K]} \left(\mathbb{E}[\min\{A_1, A_2, \ldots A_M\}] + \mathbb{E}[\Delta_M K] + (\tau - 1)(1 - \mathbb{E}[K])\right). \qquad (4.20)$$

Analog zur Rechnung in Abschnitt 4.1 ergibt sich

$$\mathbb{E}[K] = 1 \cdot \mathbb{P}(K = 1) + 0 \cdot \mathbb{P}(K = 0) = \mathbb{P}(K = 1) = \mathbb{P}(\Delta_M < \tau). \qquad (4.21)$$

Mit Behauptung 3.2.6 folgt direkt

$$\mathbb{E}[K] = \mathbb{P}(\Delta_M \leq \tau - 1) = \frac{1}{1 - q_\uparrow^M} \left[\left(1 - q_\uparrow^\tau\right)^M - q_\uparrow^M \left(1 - q_\uparrow^{\tau-1}\right)^M\right]. \qquad (4.22)$$

Für das Minimum von M geometrisch verteilten Zufallsvariablen gilt nach Lemma 3.2.4

$$\mathbb{E}\left[N_{\min}\right] = \mathbb{E}\left[\min\{A_1, A_2, \ldots A_M\}\right] = \frac{1}{1 - (1 - p_\uparrow)^M} = \frac{1}{1 - q_\uparrow^M}. \quad (4.23)$$

Analog zu der Berechnung in Abschnitt 4.1 ist die Berechnung des letzten verbleibenden Terms $\mathbb{E}\left[\Delta_M K\right]$ die aufwändigste, da die auftretenden Zufallsvariablen nicht unabhängig voneinander sind. Im Fall $\Delta_M = n < \tau$ gilt $K = 1$ und damit

$$\mathbb{P}\left(\Delta_M K = n\right) = \mathbb{P}\left(\Delta_M = n\right). \quad (4.24)$$

Ist $\Delta_M = n$ allerdings größer als τ, so ist $K = 0$ und damit

$$\mathbb{P}\left(\Delta_M K = n\right) = 0. \quad (4.25)$$

Insgesamt folgt damit für den Erwartungswert des Produktes

$$\begin{aligned}
\mathbb{E}\left[\Delta_M K\right] &= \sum_{n=1}^{\infty} \mathbb{P}\left(\Delta_M K \geq n\right) \\
&= \sum_{n=1}^{\tau-1} \mathbb{P}\left(\Delta_M K \geq n\right) \\
&= \sum_{n=1}^{\tau-1} \mathbb{P}\left(\tau - 1 \geq \Delta_M \geq n\right) \\
&= \sum_{n=1}^{\tau-1} \left[\mathbb{P}\left(\Delta_M \leq \tau - 1\right) - \mathbb{P}\left(\Delta_M \leq n - 1\right)\right] \\
&= \sum_{n=1}^{\tau-1} \left[\mathbb{E}\left[K\right] - \mathbb{P}\left(\Delta_M \leq n - 1\right)\right] \quad \text{(siehe 4.21)} \\
&= (\tau - 1) \cdot \mathbb{E}\left[K\right] - \sum_{n=1}^{\tau-1} \mathbb{P}\left(\Delta_M \leq n - 1\right) \\
&=: (\tau - 1) \cdot \mathbb{E}\left[K\right] - S_{\tau-1}. \quad (4.26)
\end{aligned}$$

Die Summe S_τ kann folgendermaßen umgeformt werden:

$$S_\tau := \sum_{n=1}^{\tau} \mathbb{P}\left(\Delta_M \leq n - 1\right)$$

$$= \frac{1}{1 - q_\uparrow^M} \sum_{n=1}^{\tau} \left[\left(1 - q_\uparrow^n\right)^M - q_\uparrow^M \left(1 - q_\uparrow^{n-1}\right)^M\right] \qquad \text{(siehe 3.2.6)}$$

$$= \frac{1}{1 - q_\uparrow^M} \left[\sum_{n=1}^{\tau} \left(1 - q_\uparrow^n\right)^M - q_\uparrow^M \sum_{n=0}^{\tau-1} \left(1 - q_\uparrow^n\right)^M\right] \qquad \text{(Indexshift)}$$

$$= \frac{1}{1 - q_\uparrow^M} \left[(1 - q_\uparrow^M) \cdot \sum_{n=1}^{\tau-1} \left(1 - q_\uparrow^n\right)^M + \left(1 - q_\uparrow^\tau\right)^M - q_\uparrow^M \left(1 - q_\uparrow^0\right)^M\right]$$

$$= \frac{\left(1 - q_\uparrow^\tau\right)^M}{1 - q_\uparrow^M} + \sum_{n=1}^{\tau-1} \left(1 - q_\uparrow^n\right)^M. \qquad (4.27)$$

Die oben auftretende Summe kann weiter umgeformt werden zu:

$$\sum_{n=1}^{\tau-1} \left(1 - q_\uparrow^n\right)^M = \sum_{n=1}^{\tau-1} \sum_{k=0}^{M} \binom{M}{k} 1^{M-k} (-q_\uparrow^n)^k$$

$$= \sum_{k=1}^{M} \binom{M}{k} (-1)^k \sum_{n=1}^{\tau-1} (q_\uparrow^k)^n + \sum_{n=1}^{\tau-1} (q_\uparrow^0)^n$$

$$= \sum_{k=1}^{M} \binom{M}{k} (-1)^k \left(\frac{1 - q_\uparrow^{k\tau}}{1 - q_\uparrow^k} - 1\right) + (\tau - 1) \qquad \text{(geom. Summe)}$$

$$= \sum_{k=1}^{M} \binom{M}{k} (-1)^k \frac{1 - q_\uparrow^{k\tau}}{1 - q_\uparrow^k} - \sum_{k=1}^{M} \binom{M}{k} (-1)^k + (\tau - 1)$$

$$= \sum_{k=1}^{M} \binom{M}{k} (-1)^k \frac{1 - q_\uparrow^{k\tau}}{1 - q_\uparrow^k} - \left((1 - 1)^M - 1\right) + (\tau - 1)$$

$$= \sum_{k=1}^{M} \binom{M}{k} (-1)^k \frac{1 - q_\uparrow^{k\tau}}{1 - q_\uparrow^k} + \tau. \qquad (4.28)$$

Damit lautet die Summe S_τ insgesamt:

$$S_\tau = \frac{\left(1 - q_\uparrow^\tau\right)^M}{1 - q_\uparrow^M} + \sum_{k=1}^{M} \binom{M}{k} (-1)^k \frac{1 - q_\uparrow^{k\tau}}{1 - q_\uparrow^k} + \tau. \qquad (4.29)$$

Eingesetzt in (4.20) ergibt dies:

$$\mathbb{E}\left[Z\right] = \frac{1}{\mathbb{E}\left[K\right]} \left(\frac{1}{1 - q_\uparrow^M} + (\tau - 1) \cdot \mathbb{E}\left[K\right] - S_{\tau-1} + (\tau - 1)(1 - \mathbb{E}\left[K\right]) \right)$$

$$= \frac{1}{\mathbb{E}\left[K\right]} \left(\frac{1}{1 - q_\uparrow^M} + (\tau - 1) - S_{\tau-1} \right)$$

$$= \frac{1}{\mathbb{E}\left[K\right]} \left[\frac{1}{1 - q_\uparrow^M} + (\tau - 1) \right.$$

$$\left. - \left(\frac{\left(1 - q_\uparrow^{\tau-1}\right)^M}{1 - q_\uparrow^M} + \sum_{k=1}^{M} \binom{M}{k}(-1)^k \frac{1 - q_\uparrow^{k(\tau-1)}}{1 - q_\uparrow^k} + (\tau - 1) \right) \right]$$

$$= \frac{1}{\mathbb{E}\left[K\right]} \left[\frac{1}{1 - q_\uparrow^M} - \frac{\left(1 - q_\uparrow^{\tau-1}\right)^M}{1 - q_\uparrow^M} - \sum_{k=1}^{M} \binom{M}{k}(-1)^k \frac{1 - q_\uparrow^{k(\tau-1)}}{1 - q_\uparrow^k} \right]$$

$$= \frac{1}{\left(1 - q_\uparrow^{\tau}\right)^M - q_\uparrow^M \left(1 - q_\uparrow^{\tau-1}\right)^M}$$

$$\times \left[1 - \left(1 - q_\uparrow^{\tau-1}\right)^M - (1 - q_\uparrow^M) \sum_{k=1}^{M} \binom{M}{k}(-1)^k \frac{1 - q_\uparrow^{k(\tau-1)}}{1 - q_\uparrow^k} \right].$$

$$\tag{4.30}$$

Insgesamt gilt damit:

Für M Verbindungen und eine Speicherzeit von $1 \leq \tau < \infty$ gilt für die Zeit Z bis zum Aufbau der M Links

$$\mathbb{E}\left[Z\right] = \frac{\left[1 - \left(1 - q_\uparrow^{\tau-1}\right)^M - (1 - q_\uparrow^M) \sum_{k=1}^{M} \binom{M}{k}(-1)^k \frac{1 - q_\uparrow^{k(\tau-1)}}{1 - q_\uparrow^k} \right]}{\left(1 - q_\uparrow^{\tau}\right)^M - q_\uparrow^M \left(1 - q_\uparrow^{\tau-1}\right)^M},$$

$$\tag{4.31}$$

falls nach dem Ablauf der Speicherzeit alle dann existierenden Links zerfallen.

Zur Probe können wiederum die zwei Grenzfälle eines perfekten und eines nicht vorhandenen Speichers überprüft werden. Für einen perfekten Speicher ist der Grenzfall

$\tau \to \infty$ der Speicherdauer zu betrachten. Da die Wahrscheinlichkeit $q_\uparrow < 1$ erfüllt, gilt für den Grenzwert

$$\mathbb{E}[Z_\infty] = \lim_{\tau \to \infty} \mathbb{E}[Z_\tau]$$

$$= \frac{\left[1 - (1-0)^M - (1-q_\uparrow^M) \sum_{k=1}^{M} \binom{M}{k}(-1)^k \frac{1-0}{1-q_\uparrow^k} \right]}{(1-0)^M - q_\uparrow^M (1-0)^M}$$

$$= \frac{\left[-(1-q_\uparrow^M) \sum_{k=1}^{M} \binom{M}{k}(-1)^k \frac{1}{1-q_\uparrow^k} \right]}{1 - q_\uparrow^M}$$

$$= \sum_{k=1}^{M} \binom{M}{k}(-1)^{k+1} \frac{1}{1-q_\uparrow^k}. \tag{4.32}$$

Falls der Quantenspeicher defekt ist und jeder entstandene Link nur einen Zeitschritt gespeichert werden kann ($\tau = 1$), so gilt

$$\mathbb{E}[Z_1] = \frac{\left[1 - \left(1-q_\uparrow^0\right)^M - (1-q_\uparrow^M) \sum_{k=1}^{M} \binom{M}{k}(-1)^k \frac{1-q_\uparrow^0}{1-q_\uparrow^k} \right]}{\left(1-q_\uparrow^1\right)^M - q_\uparrow^M \left(1-q_\uparrow^0\right)^M}$$

$$= \frac{1}{p_\uparrow^M}. \tag{4.33}$$

Dies stimmt genau mit den Schranken in Gleichung (3.59) überein.

Im folgenden Kapitel wird nun das zweite Modell des Quantenspeichers näher betrachtet. Dabei wird der Linkzerfall als ein stochastischer Prozess beschrieben.

Wartezeit bei einer probabilistischen Speicherdauer

5

In Abschnitt 2.2.3 wurden zwei verschiedene Modelle für einen Quantenspeicher in einer Repeaterkette erläutert. Das zweite dieser Modelle besagt, dass ein mit Erzeugungswahrscheinlichkeit $p_\uparrow$ entstandener Link mit der Zerfallswahrscheinlichkeit $p_\downarrow$ wieder zerfällt. Sowohl der Aufbau als auch der Zerfall eines Links werden also durch eine geometrische Verteilung beschrieben. Dieses Modell soll in dem folgenden Kapitel näher betrachtet werden und die Wartezeit, bis alle für einen Verschränkungsaustausch benötigten Links entstanden sind, berechnet werden. Der Verschränkungsaustausch wird also wie schon im letzten Kapitel vernachlässigt. Es geht lediglich um die Wartezeit, bis ein Verschränkungsaustausch möglich wäre. Um die zwei stochastischen Prozesse zu beschreiben, werden Markowketten verwendet, die im nächsten Abschnitt kurz erläutert werden. Anschließend werden diese zur Berechnung der Wartezeit verwendet. Die Idee, zur Berechnung der Wartezeit Markowketten zu verwenden, entstammt dem Artikel von Shchukin et al. [5]. Während Shchukin die Wartezeit im Fall eines Speichers mit einer festen Speicherdauer berechnet, wird dieser Ansatz hier auf die Berechnung mit einem probabilistischen Speicher angewendet.

5.1 Markowketten

In diesem Abschnitt werden zunächst einige grundlegende Begriffe und Aussagen über Markowketten eingeführt. Für eine ausführlichere Einführung sei zum Beispiel auf [16] verwiesen.

L. T. Weinbrenner, *Charakterisierung von Wartezeiten in verschiedenen Modellen von Quantennetzwerken*, BestMasters, https://doi.org/10.1007/978-3-658-43267-6_5

Eine *Markowkette* beschreibt einen stochastischen Prozess, in dem der nächste Zustand eines Systems nur von dem aktuellen Zustand abhängt, nicht aber von den vergangenen Zuständen. In diesem Prozess gilt also die *Markoweigenschaft*

$$\mathbb{P}\left(X_{n+1} = x_{n+1} \mid X_n = x_n, \ldots, X_1 = x_1\right) = \mathbb{P}\left(X_{n+1} = x_{n+1} \mid X_n = x_n\right),$$
(5.1)

wobei die $x_i \in \mathcal{S}$ mögliche Zustände des Systems bezeichnen. Kann das System nur endlich viele Zustände $\mathcal{S} = \{s_0, \cdots, s_M\}$ annehmen, so heißt die Markowkette *diskret*. In diesem Fall können die auftretenden Wahrscheinlichkeiten kürzer als

$$\mathbb{P}\left(X_{n+1} = s_j \mid X_n = s_i\right) = \mathbb{P}\left(j \mid i\right) = p_{i \to j}$$
(5.2)

geschrieben werden. Ein einfaches Beispiel ist in Abbildung 5.1 zu sehen. Als Beilage zum Essen gibt es jeden Tag entweder Kartoffeln, Nudeln oder Reis. Gibt es heute Kartoffeln, so wird es morgen mit Wahrscheinlichkeit 0.4 wieder Kartoffeln, mit Wahrscheinlichkeit 0.5 Nudeln und mit Wahrscheinlichkeit 0.1 Reis geben. Analog können auch die Wahrscheinlichkeiten für die morgige Sättigungsbeilage angegeben werden, wenn es heute Nudeln oder Reis gibt.

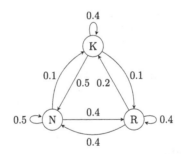

Abbildung 5.1 Beispiel einer einfachen Markowkette mit drei Zuständen

Zur Vereinfachung können die Übergangswahrscheinlichkeiten zwischen den verschiedenen Zuständen in der *Übergangsmatrix*

$$P = \begin{pmatrix} p_{0 \to 0} & \cdots & p_{M \to 0} \\ \vdots & \ddots & \vdots \\ p_{0 \to M} & \cdots & p_{M \to M} \end{pmatrix}$$
(5.3)

zusammengefasst werden. In dem obigen Beispiel lautet die Übergangsmatrix für die Zustände s_0 =Kartoffeln, s_1 =Nudeln und s_2=Reis

$$P = \begin{pmatrix} 0.4 & 0.1 & 0.2 \\ 0.5 & 0.5 & 0.4 \\ 0.1 & 0.4 & 0.4 \end{pmatrix}. \tag{5.4}$$

Da das System von dem Zustand i in irgendeinen anderen Zustand j übergehen muss, sind die Spalten der Übergangsmatrix normiert und es gilt

$$\sum_{j=0}^{M} p_{i \to j} = 1 \tag{5.5}$$

für jedes $i = 0, \ldots, M$. Dies ist im obigen Beispiel leicht zu sehen. Eine Frage, die sich natürlicherweise stellt, ist nun, mit welcher Wahrscheinlichkeit es übermorgen Kartoffeln, Nudeln oder Reis geben wird, wenn es heute Kartoffeln gibt. Diese Frage lässt sich mathematisch rekursiv lösen. Befindet sich das System zur Zeit t mit Wahrscheinlichkeit $p_i(t)$ im Zustand i für jedes $i = 0, \ldots, M$, so geht es mit Wahrscheinlichkeit

$$p_j(t + 1) = \sum_{i=0}^{M} p_i(t) \cdot p_{i \to j} \tag{5.6}$$

im Zeitschritt $t \to t + 1$ in den Zustand j über. Fasst man die Wahrscheinlichkeiten für den Zustand des Systems in dem Vektor $\vec{p}(t) = (p_0(t), \ldots, p_M(t))^T$ zusammen, so ergibt sich mit der Übergangsmatrix

$$\vec{p}(t + 1) = P \vec{p}(t). \tag{5.7}$$

Rekursiv gilt damit

$$\vec{p}(t) = P^t \vec{p}(0). \tag{5.8}$$

In obigem Beispiel gilt also für die Beilage nach zwei Tagen

$$\vec{p}(2) = P^2 \begin{pmatrix} 1 \\ 0 \\ 0 \end{pmatrix} = \begin{pmatrix} 0.23 \\ 0.49 \\ 0.28 \end{pmatrix}, \tag{5.9}$$

d. h. es gibt mit einer Wahrscheinlichkeit von 23 % Kartoffeln, mit einer Wahrscheinlichkeit von 49 % Nudeln und mit einer Wahrscheinlichkeit von 28 % Reis. Im nächsten Abschnitt werden die obigen Aussagen nun für die Berechnung der Wartezeit verwendet.

5.2   Probabilistischer Quantenspeicher

Statt wie in Kapitel 4 den imperfekten Speicher durch eine endliche Speicherzeit zu modellieren, wird nun ein zufälliger Zerfall der Links mit Wahrscheinlichkeit $p_\downarrow$ angenommen. Ein existierender Link kann also in jedem Zeitschritt mit Wahrscheinlichkeit $p_\downarrow$ zerfallen. Damit ist der Zerfall eines Links genau wie der Aufbau eines Links geometrisch verteilt und ein einmal entstandener Link wird im Mittel

$$\tau = \frac{1}{p_\downarrow} \qquad (5.10)$$

Zeitschritte existieren (s. Lemma 3.2.3). Da nun sowohl die Linkerzeugung als auch der Linkzerfall durch Wahrscheinlichkeiten beschrieben werden, die nicht von den bisherigen Schritten abhängen, sondern nur von dem aktuellen Zustand des Links, kann das Netzwerk durch eine Markowkette beschrieben werden. Eine ähnliche Idee ist auch im Artikel von Shchukin [5] zu finden. Dort wird jedoch eine Markowkette formuliert, die eine endliche feste Speicherdauer τ für die Links annimmt. Im Gegensatz dazu wird hier nur die Anzahl der aktuell existierenden Links angegeben und die Information, welche Links schon wie lange existieren, vernachlässigt.

Die Zustände der Markowkette werden also durch die Anzahl $n \in \{0, \dots, M\}$ der aktuell existierenden Links gegeben, wobei die Gesamtzahl der möglichen Links M beträgt. Die Wartezeit entspricht also genau der Zeit, bis der Zustand M erreicht wurde. Die Information, welche Links genau gerade aufgebaut sind und welche Links schon wie lange gespeichert worden sind, wird hierbei nicht berücksichtigt. Gezählt wird nur, wie viele Links im Zeitschritt k existieren. Um die Übergangswahrscheinlichkeiten zwischen diesen Zuständen zu berechnen, ist es entscheidend, was in einem Zeitschritt passiert. Hier wird die folgende Definition verwendet:

In jedem Zeitschritt geschehen nacheinander die folgenden Dinge:

Linkzerfall: vorhandene Links zerfallen mit Wahrscheinlichkeit $p_\downarrow$ oder bleiben mit Wahrscheinlichkeit $q_\downarrow = 1 - p_\downarrow$ erhalten;

Linkaufbau: neue Links werden mit Wahrscheinlichkeit $p_\uparrow$ erzeugt; mit Wahrscheinlichkeit $q_\uparrow$ ist der Aufbauversuch unerfolgreich. Insbesondere können auch Links aufgebaut werden, die in dem gleichen Zeitschritt zuvor zerfallen sind.

Die obige Definition des Ablaufs in einem Zeitschritt ist nicht eindeutig. So kann statt der Aufteilung eines Zeitschrittes in zwei Teile auch ein ungeteilter Zeitschritt betrachtet werden, in dem der Zerfall und der Aufbau der Links gleichzeitig mit Wahrscheinlichkeiten $\tilde{p}_\uparrow$ und $\tilde{p}_\downarrow$ geschehen. Die Erzeugungswahrscheinlichkeit $\tilde{p}_\uparrow$ entspricht dabei genau der Wahrscheinlichkeit $p_\uparrow$. Für die Zerfallswahrscheinlichkeit $\tilde{p}_\downarrow$ ergibts sich allerdings ein Unterschied zum obigen Modell. Im obigen Modell beträgt die Wahrscheinlichkeit, dass ein am Anfang des Zeitschritts existierender Link am Ende des Zeitschritts zerfallen ist, gerade $p_\downarrow \cdot q_\uparrow$, da der existierende Link im ersten Teil zerfallen muss und im zweiten Teil des Schritts nicht neu aufgebaut werden darf. Bei gleichzeitigem Zerfall und Aufbau der Links ist diese Wahrscheinlichkeit durch $\tilde{p}_\downarrow$ gegeben. Die zwei Modelle sind also durch eine einfache Reskalierung der betrachteten Zerfallswahrscheinlichkeit $\tilde{p}_\downarrow = p_\downarrow \cdot q_\uparrow$ direkt ineinander überführbar.

Für das obige Modell lassen sich nun die Übergangswahrscheinlichkeiten berechnen. Um von Zustand n zu Zustand m zu gelangen, können zunächst $n - j$ der n schon bestehenden Links zerfallen. Die restlichen j bleiben bestehen. Damit sind nach dem ersten Teil eines Zeitschritts j Links existent und an $M - j$ Verbindungsstellen existiert kein Link. Im zweiten Teil des Schrittes müssen nun die restlichen $m - j$ Links zufällig bei den $M - j$ freien Stellen enstehen. Die restlichen $(M - j) - (m - j) = M - m$ Verbindungsversuche schlagen fehl. Damit ergibt sich als Übergangswahrscheinlichkeit von n zu m:

$$
\begin{aligned}
p_{n \to m} &= \sum_{j=0}^{\min\{n,m\}} \binom{n}{j} q_\downarrow^j p_\downarrow^{n-j} \cdot \binom{M-j}{m-j} p_\uparrow^{m-j} q_\uparrow^{M-m} \\
&= q_\uparrow^M \cdot p_\downarrow^n \cdot \frac{p_\uparrow^m}{q_\uparrow^m} \sum_{j=0}^{\min\{n,m\}} \binom{n}{j} \binom{M-j}{m-j} \frac{q_\downarrow^j}{p_\downarrow^j p_\uparrow^j} \\
&= \frac{\binom{M}{m}}{\binom{M}{n}} \cdot \left(\frac{p_\downarrow}{p_\uparrow} \right)^{n-m} \cdot q_\uparrow^{n-m} \cdot p_{m \to n}.
\end{aligned} \tag{5.11}
$$

Die einzige Abweichung ergibt sich im Fall $n = M$. Da der Prozess beendet ist, wenn alle M Links existieren, verschwindet die Übergangswahrscheinlichkeit von M in jeden anderen Zustand außer sich selbst, es gilt also

$$p_{M \to m} = \delta_{M,m}. \tag{5.12}$$

Damit lässt sich die Übergangsmatrix für ein Netzwerk mit M Links aufstellen:

$$P = \begin{pmatrix} p_{0 \to 0} & \cdots & p_{M \to 0} \\ \vdots & \ddots & \vdots \\ p_{0 \to M} & \cdots & p_{M \to M} \end{pmatrix}. \tag{5.13}$$

Die Wahrscheinlichkeiten $p_{n \to m}$ sind bezüglich m normiert. Wenn sich das System in dem Zustand n befindet, dann müssen die Wahrscheinlichkeiten sich bzgl. m zu 1 aufsummieren, da das System irgendeinen der verfügbaren Übergänge sicher machen muss.

Lemma 5.21 *Die Spalten von P sind normiert, d. h. es gilt*

$$\sum_{m=0}^{M} p_{n \to m} = 1 \tag{5.14}$$

für jedes $n = 0, \ldots, M$.

Beweis Für $n = M$ ist die Aussage klar, da

$$\sum_{m=0}^{M} p_{M \to m} = \sum_{m=0}^{M} \delta_{M,m} = 1 \tag{5.15}$$

gilt. Im Fall $n \neq M$ gilt mit $x = \frac{q_\downarrow}{p_\downarrow p_\uparrow}$

$$\begin{aligned}
\sum_{m=0}^{M} p_{n \to m} &= \sum_{m=0}^{M} q_\uparrow^M \cdot p_\downarrow^n \cdot \frac{p_\uparrow^m}{q_\uparrow^m} \sum_{j=0}^{\min\{n,m\}} \binom{n}{j} \binom{M-j}{m-j} x^j \\
&= q_\uparrow^M p_\downarrow^n \sum_{m=0}^{M} \sum_{j=0}^{\min\{n,m\}} \binom{n}{j} \binom{M-j}{m-j} \left(\frac{p_\uparrow}{q_\uparrow}\right)^m x^j \\
&= q_\uparrow^M p_\downarrow^n \sum_{j=0}^{n} \binom{n}{j} x^j \sum_{m=j}^{M} \binom{M-j}{m-j} \left(\frac{p_\uparrow}{q_\uparrow}\right)^m,
\end{aligned} \tag{5.16}$$

wobei im letzten Schritt lediglich die Summationsreihenfolge vertauscht wurde. Für die innere Summe gilt nun

$$
x^j \sum_{m=j}^{M} \binom{M-j}{m-j} \left(\frac{p_\uparrow}{q_\uparrow}\right)^m = x^j \sum_{m=0}^{M-j} \binom{M-j}{m} \left(\frac{p_\uparrow}{q_\uparrow}\right)^{m+j}
$$

$$
= \left(\frac{p_\uparrow}{q_\uparrow} + 1\right)^{M-j} \left(x\frac{p_\uparrow}{q_\uparrow}\right)^j
$$

$$
= \left(\frac{1}{q_\uparrow}\right)^{M-j} \left(\frac{q_\downarrow}{p_\downarrow q_\uparrow}\right)^j
$$

$$
= q_\uparrow^{-M} \left(\frac{q_\downarrow}{p_\downarrow}\right)^j . \tag{5.17}
$$

Oben eingesetzt ergibt sich damit

$$
\sum_{m=0}^{M} p_{n \to m} = q_\uparrow^M q_\uparrow^{-M} p_\downarrow^n \sum_{j=0}^{n} \binom{n}{j} \left(\frac{q_\downarrow}{p_\downarrow}\right)^j
$$

$$
= p_\downarrow^n \left(1 + \frac{q_\downarrow}{p_\downarrow}\right)^n
$$

$$
= p_\downarrow^n \left(\frac{p_\downarrow + q_\downarrow}{p_\downarrow}\right)^n
$$

$$
= 1 . \tag{5.18}
$$

□

Um nun die Wartezeit bis zum Aufbau von allen M Links zu berechnen, wird die Wahrscheinlichkeit benötigt, im Schritt $k - 1 \to k$ den Zustand M zu erreichen. Es gilt

$$
f_M(k) = p_M(k) - p_M(k-1) = \sum_{n=0}^{M-1} p_{n \to M} p_n(k-1) = \vec{p}_{* \to M} \cdot \vec{p}\,_{\overline{M}}(k-1) \tag{5.19}
$$

für alle $k \in \mathbb{N}$. Hierbei bezeichnet der Vektor

$$\vec{p}\,_{\overline{M}}(k) = \begin{pmatrix} p_0(k) \\ \vdots \\ p_{M-1}(k) \end{pmatrix} \qquad (5.20)$$

die Wahrscheinlichkeiten, dass das System sich in Zuständen außerhalb des Zustandes M befindet. Der Vektor

$$\vec{p}_{*\to M} = \begin{pmatrix} p_{0\to M} \\ \vdots \\ p_{M-1\to M} \end{pmatrix} \qquad (5.21)$$

gibt dann die Übergangswahrscheinlichkeiten von diesen Zuständen in den Zustand M an.

Die Wartezeit bis zum Aufbau aller M Links ergibt sich nun aus

$$\mathbb{E}[Z] = \sum_{k=1}^{\infty} k \cdot f_M(k) = \sum_{k=1}^{\infty} k \cdot \vec{p}_{*\to M} \cdot \vec{p}\,_{\overline{M}}(k-1). \qquad (5.22)$$

Der Vektor mit den Übergangswahrscheinlichkeiten $\vec{p}_{*\to M}$ kann nach Gleichung (5.11) berechnet werden.

Um die zeitliche Entwicklung des Vektors $\vec{p}\,_{\overline{M}}(k)$ zu beschreiben, wird nicht die vollständige Übergangsmatrix P benötigt. Da die Übergänge von dem Zustand M in die Zustände $0, \ldots, M-1$ nicht erlaubt sind ($p_{M\to m} = 0$ für $m \neq M$), kann die zeitliche Entwicklung der Wahrscheinlichkeiten $p_0(k), \ldots, p_{M-1}(k)$ einfacher geschrieben werden als

$$p_n(k) = \sum_{j=0}^{M-1} p_{j\to n} p_j(k-1), \qquad (5.23)$$

bzw. in Vektorschreibweise:

$$\vec{p}\,_{\overline{M}}(k) = \begin{pmatrix} p_{0\to 0} & \cdots & p_{M-1\to 0} \\ \vdots & \ddots & \vdots \\ p_{0\to M-1} & \cdots & p_{M-1\to M-1} \end{pmatrix} \cdot \begin{pmatrix} p_0(k-1) \\ \vdots \\ p_{M-1}(k-1) \end{pmatrix} =: P_{\overline{M}} \cdot \vec{p}\,_{\overline{M}}(k-1).$$

$$(5.24)$$

Hierbei bezeichnet $P_{\overline{M}}$ die um eine Zeile und Spalte gekürzte Übergangsmatrix. Rekursiv ergibt sich damit für den Vektor $\vec{p}_{\overline{M}}(k)$ zum Zeitpunkt k

$$\vec{p}_{\overline{M}}(k) = P_{\overline{M}}^k \cdot \vec{p}_{\overline{M}}(0). \tag{5.25}$$

Für die Wartezeit bis zum Aufbau von M Links ergibt sich nun

$$\mathbb{E}[Z] = \sum_{k=1}^{\infty} k \cdot f_M(k) = \sum_{k=1}^{\infty} \vec{p}_{*\to M} \cdot k \vec{p}_{\overline{M}}(k-1)$$

$$= \vec{p}_{*\to M} \cdot \sum_{k=1}^{\infty} k P_{\overline{M}}^{k-1} \cdot \vec{p}_{\overline{M}}(0). \tag{5.26}$$

Die auftretende Reihe kann analog zu Lemma 3.2.3 berechnet werden. Dafür wird die so genannte *Neumann-Reihe* verwendet (s. zum Beispiel das Buch von Werner [17]). Es gilt: Erfüllt eine Matrix A bzgl. einer Operator-/Matrixnorm die Gleichung $||A|| < 1$, so konvergiert die Reihe $\sum_{k=0}^{\infty} A^k$ und es gilt

$$(\mathbb{1} - A)^{-1} = \sum_{k=0}^{\infty} A^k. \tag{5.27}$$

Die Matrix $P_{\overline{M}}$ erfüllt bzgl. der Spaltensummennorm gerade $||P_{\overline{M}}|| < 1$. Dies folgt daraus, dass die Einträge der Matrix P als Wahrscheinlichkeiten alle in dem Intervall $(0, 1)$ liegen und die Spalten normiert sind. Da in der Matrix $P_{\overline{M}}$ jeweils ein Eintrag gestrichen wurde, der (außer im nicht betrachteten Fall $p_{\uparrow} = 0$) echt größer als 0 ist, folgt für die Spaltennorm dieser Matrix:

$$\sum_{m=0}^{M} p_{n\to m} = 1 \quad \Leftrightarrow \quad ||P_{\overline{M}}|| = \sum_{m=0}^{M-1} p_{n\to m} = 1 - p_{n\to M} < 1. \tag{5.28}$$

Damit konvergiert die Neumann-Reihe über $P_{\overline{M}}$ und damit existiert auch die Inverse $(\mathbb{1} - P_{\overline{M}})^{-1}$. Weiter gilt für $x \in (-1, 1)$

$$\sum_{k=1}^{\infty} kx^{k-1} = \lim_{N\to\infty} \frac{d}{dx} \sum_{k=0}^{N} x^k$$

$$= \lim_{N\to\infty} \frac{d}{dx} \frac{x^{N+1} - 1}{x - 1}$$

$$= \lim_{N\to\infty} \frac{(N+1)x^N}{x-1} - \frac{x^{N+1} - 1}{(x-1)^2}$$

$$= \frac{1}{(x-1)^2} = (x-1)^{-2}. \tag{5.29}$$

Da die Inverse $(\mathbb{1} - P_{\overline{M}})^{-1}$ existiert und die Norm $||P_{\overline{M}}|| < 1$ erfüllt, kann diese Gleichung auch für die Matrix $P_{\overline{M}}$ verwendet werden. Damit folgt:

$$\sum_{k=1}^{\infty} k P_{\overline{M}}^{k-1} = \left(P_{\overline{M}} - \mathbb{1}\right)^{-2} =: V^{-2}. \tag{5.30}$$

Damit folgt nun insgesamt für die Wartezeit

$$\mathbb{E}[Z] = \vec{p}_{*\to M} \cdot V^{-2} \cdot \vec{p}_{\overline{M}}(0), \tag{5.31}$$

mit $V = P_{\overline{M}} - \mathbb{1}$, wobei die Anfangsverteilung durch $\vec{p}_{\overline{M}}(0) = (1, 0, \ldots, 0)$ gegeben ist.

Mit dieser Methode konnten die Wartezeiten mit dem Programm Mathematica [18] für bis zu 7 Links berechnet werden. Die Ergebnisse dieser Berechnungen sind in geschlossener Form bis $M = 5$ in Tabelle 5.1 zu finden. Für $M = 6$ und $M = 7$ wurde die Berechnung der Zähler allerdings zu umfangreich[1].

---

[1] Das Muster im Nenner scheint für größere Werte von M forgesetzt zu werden. Für $M = 6$ erhält man den Nenner $p_\uparrow^6 \cdot (1+a) \cdot (1+a+a^2) \cdot (1+a^2) \cdot (1+a+a^2+a^3+a^4) \cdot (1-a+a^2)$ und für $M = 7$ den Nenner $p_\uparrow^7 \cdot (1+a) \cdot (1+a+a^2) \cdot (1+a^2) \cdot (1+a+a^2+a^3+a^4) \cdot (1-a+a^2) \cdot (1+a+a^2+a^3+a^4+a^5+a^6)$

Tabelle 5.1 Zähler und Nenner der berechneten Wartezeiten $\mathbb{E}[Z]$ für je M Links; es gilt $a = q_\uparrow q_\downarrow$

M	Zähler	Nenner
2	$(1-a) + 2ap_\uparrow$	$p_\uparrow^2 \cdot (1+a)$
3	$-(1-a)^2(1+a)$ $-3ap_\uparrow^2 \cdot (1+a^2)$ $-3a^2 p_\uparrow \cdot (1-a)$	$p_\uparrow^3 \cdot (1+a)$ $\cdot (1+a+a^2)$
4	$(1-a)^3(1+a+a^2)$ $+4ap_\uparrow^3 \cdot (1-a+3a^2-a^3+a^4)$ $+6a^2 p_\uparrow^2 \cdot (1-a)(1-a+a^2)$ $+4a^3 p_\uparrow \cdot (1-a)^2$	$p_\uparrow^4 \cdot (1+a)$ $\cdot (1+a+a^2)$ $\cdot (1+a^2)$
5	$(1-a)^4(1+a)(1+a^2)(1+a+a^2)$ $+5ap_\uparrow^4 \cdot (1-a+a^2)(1+3a^2+$ $4a^3+3a^4+a^6)$ $+10a^2 p_\uparrow^3 \cdot (1-a)(1-a+a^2+$ $a^3+a^4-a^5+a^6)$ $+10a^3 p_\uparrow^2 \cdot (1-a)^2(1+a^4)$ $+5a^4 p_\uparrow \cdot (1-a)^3(1+a+a^2)$	$p_\uparrow^5 \cdot (1+a)$ $\cdot (1+a+a^2)$ $\cdot (1+a^2)$ $\cdot (1+a+a^2+a^3+a^4)$

Für $M = 2$ Links erhält man z. B. (nach Umformen) eine Wartezeit von

$$\mathbb{E}[Z] = \frac{3 - 2p_\uparrow}{p_\uparrow \left[2 - p_\uparrow - (1-p_\uparrow)p_\downarrow\right]}(1 - p_\downarrow) + \frac{1}{p_\uparrow^2 \left[1 + (1-p_\uparrow)(1-p_\downarrow)\right]}p_\downarrow. \tag{5.32}$$

Zur Probe können wiederum die zwei Grenzfälle eines perfekten und eines nicht vorhandenen Speichers überprüft werden. Für einen perfekten Speicher ist die Wahrscheinlichkeit, dass ein Link zerfällt, genau $p_\downarrow = 0$. Damit folgt direkt

$$\mathbb{E}[Z_\infty] = \frac{3 - 2p_\uparrow}{p_\uparrow(2 - p_\uparrow)}. \tag{5.33}$$

Falls der Quantenspeicher defekt ist und jeder entstandene Link im nächsten Zeitschritt sofort wieder zerfällt, so ist die Zerfallswahrscheinlichkeit $p_\downarrow = 1$. In diesem Fall lautet die Wartezeit

$$\mathbb{E}[Z_1] = \frac{1}{p_\uparrow^2}. \tag{5.34}$$

Dies stimmt genau mit den Aussagen in Gleichung (3.59) überein. In der Abbildung 5.2 wurden nun sowohl die obere und untere Schranke an die Wartezeit sowie die obigen Ergebnisse für zwei Links dargestellt. Zum Vergleich ist auch das aus Kapitel 4 bekannte Ergebnis für zwei Links eingezeichnet. Dabei ist zu erwarten, dass gemäß Gleichung (5.10) die Wartezeit $\mathbb{E}[Z_\tau]$ aus Kapitel 4 mit der oben berechneten Wartezeit $\mathbb{E}[Z_{p_\downarrow}]$ für $p_\downarrow = \frac{1}{\tau}$ übereinstimmt. Dies lässt sich tatsächlich beobachten.

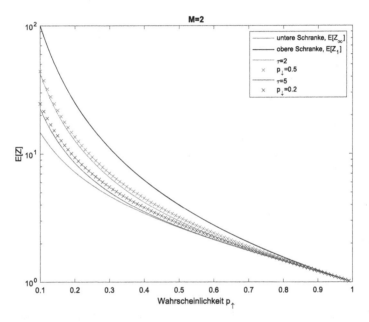

Abbildung 5.2 Wartezeit für zwei Links in Abhängigkeit von der Erzeugungswahrscheinlichkeit $p_\uparrow$; die unterste und oberste Kurve geben die allgemeine untere und obere Schranke für 2 Links aus Gleichung (3.59) an; die durchgezogenen Linien dazwischen resultieren aus Gleichung (4.15) für eine feste Speicherzeit von $\tau = 2$ und $\tau = 5$; zum Vergleich ist die Wartezeit aus Gleichung (5.32) für $p_\downarrow = \frac{1}{\tau} = 0.5$ und $p_\downarrow = \frac{1}{\tau} = 0.2$ dargestellt

Während bis hierhin die Zeit immer als diskrete Zeitschritte betrachtet und der Verschränkungsaustausch vernachlässigt wurde, wird im nächsten Kapitel eine kontinuierliche Zeitskala betrachtet und der Verschränkungsaustausch in die Modellierung eingeschlossen.

Wartezeit bei Multiplexverfahren 6

Nachdem in den letzten Kapiteln stets einfache Repeaterketten betrachtet wurden, wird in diesem Kapitel eine Repeaterkette mit zwei Parteien betrachtet, bei der das Multiplexverfahren verwendet wird. Dieses Verfahren ist schematisch in Abbildung 2.3 dargestellt. Die zwei Parteien Alice und Bob sind je mit M Verbindungen mit einem Repeater verbunden. Bei jeder dieser Verbindungen wird in jedem Zeitschritt ein Linkaufbau versucht. Gelingt dieser auf jeder Seite mindestens einmal, so können die dabei entstandenen Links durch Verschränkungsaustausch zu einem längeren Link zwischen Alice und Bob verbunden werden. Dabei ist die Lage der entstandenen Links unerheblich; in Abb. 2.3 können im nächsten Zeitschritt also auch die beiden noch unverbundenen Links verbunden werden.

Um diese kompliziertere Repeaterkette zu beschreiben, werden Tensortrains verwendet. Das sind Tensoren, die in einem bestimmten Format, dem Tensortrain-Format, dargestellt werden. Im ersten Teil dieses Kapitels werden Tensoren und das Tensortrain-Format kurz erläutert. Anschließend werden die Grundlagen von chemischen Reaktionsnetzwerken und ihre Darstellung mit Hilfe von Tensortrains beschrieben. Dieser Formalismus wird dann auf die Repeaterkette im Multiplexverfahren angewendet.

6.1 Tensortrains - mathematische Grundlagen

In diesem Abschnitt werden zunächst einige Grundbegriffe für Tensoren erläutert, ehe das Tensortrain-Format vorgestellt wird. Für eine ausführlichere Einführung sei auf die Dissertation von Patrick Gelß [7] verwiesen.

Ein *Tensor* d-ter Ordnung ist ein Element $\mathbb{T} \in \mathbb{R}^{n_1 \times \cdots \times n_d}$. Ein Tensor stellt damit eine Verallgemeinerung von Vektoren und Matrizen dar. Seine Einträge

© Der/die Autor(en), exklusiv lizenziert an Springer Fachmedien Wiesbaden GmbH, ein Teil von Springer Nature 2023
L. T. Weinbrenner, *Charakterisierung von Wartezeiten in verschiedenen Modellen von Quantennetzwerken*, BestMasters,
https://doi.org/10.1007/978-3-658-43267-6_6

werden dabei statt durch einen (Vektor) oder zwei Indizes (Matrix) durch d Indizes beschrieben. Er hängt also von einem Multiindex $(x_1, \ldots, x_d) \in \{1, \ldots, n_1\} \times \cdots \times \{1, \ldots, n_d\}$ ab.

Die Matrixmultiplikation kann auch für Tensoren verallgemeinert werden. Für die Multiplikation einer Matrix $M \in \mathbb{R}^{m \times n}$ mit einem Vektor $v \in \mathbb{R}^n$ gilt

$$(M \cdot v)_{x_1} = \sum_{y_1=1}^{n} M_{x_1, y_1} \cdot v_{y_1}. \tag{6.1}$$

Analog zu Matrizen können nun auch *Tensoroperatoren* definiert werden, die Tensoren auf Tensoren abbilden. Ein solcher Operator $\mathbb{G} \in \mathbb{R}^{(m_1 \times n_1) \times \cdots \times (m_d \times n_d)}$ beschreibt die Abbildung

$$\mathbb{G} : \mathbb{R}^{n_1 \times \ldots n_d} \to \mathbb{R}^{m_1 \times \ldots m_d}, \quad \mathbb{T} \mapsto \mathbb{G} \cdot \mathbb{T}, \tag{6.2}$$

wobei das Produkt analog zum Produkt der Matrix mit dem Vektor durch

$$(\mathbb{G} \cdot \mathbb{T})_{x_1, \ldots, x_d} = \sum_{y_1=1}^{n_1} \cdots \sum_{y_d=1}^{n_d} \mathbb{G}_{x_1, y_1; \ldots; x_d, y_d} \cdot \mathbb{T}_{y_1, \ldots, y_d} \tag{6.3}$$

gegeben ist.

Das Tensorprodukt oder äußere Produkt zweier Tensoren $\mathbb{T} \in \mathbb{R}^{n_1 \times \cdots \times n_d}$ und $\mathbb{U} \in \mathbb{R}^{m_1 \times \cdots \times m_e}$ ist durch die elementweise Multiplikation gegeben:

$$(\mathbb{T} \otimes \mathbb{U})_{x_1, \ldots, x_d, y_1, \ldots, y_e} = \mathbb{T}_{x_1, \ldots, x_d} \cdot \mathbb{U}_{y_1, \ldots, y_e}. \tag{6.4}$$

Das Produkt selbst ist damit ein Element von $(\mathbb{T} \otimes \mathbb{U}) \in \mathbb{R}^{n_1 \times \cdots \times n_d \times m_1 \times \cdots \times m_e}$.

Damit können auch „Lineare Gleichungssysteme" von Tensoren definiert werden. Ist $\mathbb{A} \in \mathbb{R}^{(n_1 \times n_1) \times \cdots \times (n_d \times n_d)}$ ein Operator und $\mathbb{U} \in \mathbb{R}^{n_1 \times \cdots \times n_d}$ ein Tensor, so kann die Gleichung

$$\mathbb{A} \cdot \mathbb{T} = \mathbb{U} \tag{6.5}$$

aufgestellt und (prinzipiell) für $\mathbb{T} \in \mathbb{R}^{n_1 \times \cdots \times n_d}$ gelöst werden. Dies ist im Regelfall aufgrund der Größe der Tensoren nicht einfach möglich. Liegen die Tensoren allerdings im Tensortrain-Format vor, so kann der ALS-Algorithmus verwendet werden. Dieses Format und der zugehörige Algorithmus werden in den nächsten zwei Abschnitten erläutert.

6.1.1 Tensortrain-Format

Ein Tensor $\mathbb{T} \in \mathbb{R}^{n_1 \times \cdots \times n_d}$ ist im *Tensortrain*-Format, wenn er als

$$
\mathbb{T}_{x_1,\ldots,x_d} = \mathbb{T}^{(1)}(x_1) \ldots \mathbb{T}^{(d)}(x_d)
$$

$$
= \sum_{k_0=1}^{r_0} \cdots \sum_{k_d=1}^{r_d} \mathbb{T}^{(1)}_{k_0,k_1}(x_1) \ldots \mathbb{T}^{(d)}_{k_{d-1},k_d}(x_d) \tag{6.6}
$$

bzw.

$$
\mathbb{T} = \sum_{k_0=1}^{r_0} \cdots \sum_{k_d=1}^{r_d} \mathbb{T}^{(1)}_{k_0,k_1} \otimes \cdots \otimes \mathbb{T}^{(d)}_{k_{d-1},k_d} \tag{6.7}
$$

geschrieben werden kann. Die *Kerne* $\mathbb{T}^{(i)}$ des Tensortrains sind dabei Tensoren 3-ter Ordnung und es gilt $\mathbb{T}^{(i)} \in \mathbb{R}^{r_{i-1} \times n_i \times r_i}$. Zur einfacheren Lesbarkeit sind dabei die Indizes x_i in Klammern angegeben. Die Größe $r_i \in \mathbb{N}$ heißt dann *Rang* des i-ten Tensortrain-Kerns. Anschaulich lässt sich also für einen festen Multiindex $(x_1, \ldots, x_d)$ der Eintrag des Tensors $\mathbb{T}$ als Produkt von d Matrizen beschreiben. Da $\mathbb{T}_{x_1,\ldots,x_d}$ ein Skalar ist, muss dabei $r_0 = r_d = 1$ gelten.

Für einen Tensoroperator $\mathbb{G} \in \mathbb{R}^{(m_1 \times n_1) \times \cdots \times (m_d \times n_d)}$ lässt sich ebenso das Tensortrain-Format formulieren:

$$
\mathbb{G}_{x_1,y_1;\ldots;x_d,y_d} = \mathbb{G}^{(1)}(x_1, y_1) \ldots \mathbb{G}^{(d)}(x_d, y_d)
$$

$$
= \sum_{k_0=1}^{r_0} \cdots \sum_{k_d=1}^{r_d} \mathbb{G}^{(1)}_{k_0,k_1}(x_1, y_1) \ldots \mathbb{G}^{(d)}_{k_{d-1},k_d}(x_d, y_d) \tag{6.8}
$$

bzw.

$$
\mathbb{G} = \sum_{k_0=1}^{r_0} \cdots \sum_{k_d=1}^{r_d} \mathbb{G}^{(1)}_{k_0,k_1} \otimes \cdots \otimes \mathbb{G}^{(d)}_{k_{d-1},k_d}. \tag{6.9}
$$

Dieser verwendet statt Tensoren 3. Stufe Tensoren 4. Stufe $\mathbb{G}^{(i)}$ mit $\mathbb{G}^{(i)} \in \mathbb{R}^{r_{i-1} \times n_i \times m_i \times r_i}$.

Das Tensortrain-Format ist auch unter dem Namen *Matrix-Produkt-Zustände* bekannt. Diese Benennung ist eher im physikalischen Bereich üblich.

Die Zerlegung eines Tensors oder eines Tensoroperators in das Tensortrain-Format kann immer angegeben werden und ist nicht eindeutig. Wird der Rang der beteiligten Kerne beschränkt, so kann durch einen Tensortrain auch eine Approximation eines Tensors angegeben werden. Besonders interessant sind Tensortrains daher für Berechnungen, bei denen der Rang der Kerne relativ gering ist, der Tensor sich also in relativ kleine Matrizen (approximativ) zerlegen lässt. In diesem Fall kann die Struktur des Tensortrains genutzt werden, um eine sonst umständliche Rechnung auf Berechnungen für die einzelnen (relativ kleinen) Kerne zurückzuführen. Ein Beispiel für diesen Vorteil ist die Berechnung der (approximativen) Lösung eines linearen Gleichungssystems

$$\mathbb{A} \cdot \mathbb{T} = \mathbb{U}. \tag{6.10}$$

Für die Lösung dieses Systems kann der ALS-Algorithmus verwendet werden, der die Tensortrain-Struktur nutzt, um effizient nacheinander die Kerne des Tensors $\mathbb{T}$ zu optimieren. Die Grundidee dieses Algorithmus wird im nächsten Kapitel vorgestellt.

6.1.2 Der ALS-Algorithmus

Der *ALS-Algorithmus* (*Alternating linear scheme*; deutsch: Alternierendes lineares Schema) kann zur Berechnung von linearen Gleichungssystemen von Tensoren verwendet werden und stammt von Holtz, Rohwedder und Schneider [20]. Eine ausführliche Beschreibung dieses Algorithmus findet sich auch in der Arbeit von Gelß [7]. Hier wird lediglich die Grundidee kurz erläutert, die in der alternierenden Optimierung der einzelnen Tensortrain-Kerne besteht.

Sei also ein solches lineares Gleichungssystem

$$\mathbb{A} \cdot \mathbb{T} = \mathbb{U} \tag{6.11}$$

mit dem Tensoroperator $\mathbb{A} \in \mathbb{R}^{(n_1 \times n_1) \times \cdots \times (n_d \times n_d)}$ und dem Tensor $\mathbb{U} \in \mathbb{R}^{n_1 \times \cdots \times n_d}$ gegeben, wobei sowohl $\mathbb{A}$ als auch $\mathbb{U}$ im jeweiligen Tensortrain-Format vorliegen. Der Operator $\mathbb{A}$ sei zudem symmetrisch und positiv definit, d. h. analog zur Definition für Matrizen gelte

- $\mathbb{A}_{x_1,y_1;\ldots;x_d,y_d} = \mathbb{A}_{y_1,x_1;\ldots;y_d,x_d}$ für alle $(x_1, \ldots, x_d),\ (y_1, \ldots, y_d) \in \{1, \ldots, n_1\} \times \cdots \times \{1, \ldots, n_d\}$ und
- $\mathbb{T}^T \cdot \mathbb{A} \cdot \mathbb{T} > 0$ für jeden Tensor $\mathbb{T} \in \mathbb{R}^{n_1 \times \cdots \times n_d}$ mit $\mathbb{T} \neq 0$.

Um das Gleichungssystem zu lösen, wird zunächst der klassische Fall mit einer symmetrischen, positiv definiten Matrix $A \in \mathbb{R}^{n \times n}$ und zwei Vektoren $\vec{v}$ und $\vec{w} \in \mathbb{R}^n$ betrachtet. Für diese lautet das Gleichungssystem analog

$$A\vec{v} = \vec{w}. \tag{6.12}$$

Während der Vektor $\vec{w}$ gegeben ist, soll der Vektor $\vec{v}$ berechnet werden. Der Vektor $\vec{v}$ minimiert aber auch das Funktional J:

$$\begin{aligned} J(\vec{v}) &= \frac{1}{2}\vec{v}^T A\vec{v} - \vec{w}^T \vec{v} \\ &= \frac{1}{2}(A\vec{v}) \cdot \vec{v} - \vec{w} \cdot \vec{v}. \end{aligned} \tag{6.13}$$

Da nämlich für den Gradienten von J

$$\nabla J(\vec{v}) = A\vec{v} - \vec{w} \tag{6.14}$$

gilt, löst $\vec{v}$ genau dann das Gleichungssystem $A\vec{v} = \vec{w}$, wenn es $\nabla J(\vec{v}) = 0$ erfüllt, also eine Extremstelle von J ist. Die Hesse-Matrix von J entspricht genau der Matrix A. Da A eine positiv definite Matrix ist, ist der Extremwert an der Stelle $\vec{v}$ damit ein Minimum. Zudem ist die Lösung $\vec{v}$ des Gleichungssystems eindeutig, da A als symmetrische positiv definite Matrix invertierbar ist.

Analog zu dieser Darstellung kann das Funktional J auch für Tensoren verwendet werden. Der Tensor $\mathbb{T} \in \mathbb{R}^{n_1 \times \cdots \times n_d}$, der das obige Gleichungssystem löst, minimiert auch das Funktional

$$J(\mathbb{T}) = \frac{1}{2}\mathbb{T}^T A \mathbb{T} - \mathbb{U}^T \mathbb{T}. \tag{6.15}$$

Liegt $\mathbb{T}$ nun im Tensortrain-Format

$$\mathbb{T}_{x_1,\dots,x_d} = \mathbb{T}^{(1)}(x_1) \dots \mathbb{T}^{(d)}(x_d) \tag{6.16}$$

mit den Kernen $\mathbb{T}^{(i)} \in \mathbb{R}^{r_{i-1} \times n_i \times r_i}$ vor, so können für diesen Tensor die *Retraktions-operatoren* $\mathbb{Q}_i \in \mathbb{R}^{n_1 \times \cdots \times n_d \times m}$ mit $m = r_{i-1}n_i r_i$ definiert werden. Diese Tensoren unterscheiden sich von dem Tensor $\mathbb{T}$ lediglich darin, dass der i-te Kern von $\mathbb{T}$ durch einen Tensor 4-ter Ordnung ausgetauscht wird, der einer permutierten Tensorvariante der Einheitsmatrix entspricht. Dies erfolgt mit dem Ziel, die Optimierung des Funktionals J auf die Optimierung der einzelnen Kerne zurückzuführen. Wird $\mathbb{Q}_i$

nämlich mit einem Vektor $\vec{v} \in \mathbb{R}^m = \mathbb{R}^{r_{i-1} n_i r_i}$ kontrahiert, d. h. wie bei einem Skalarprodukt

$$\langle \mathbb{Q}_i, \vec{v} \rangle = \sum_{k=1}^{m} (\mathbb{Q}_i)_{x_1,\ldots,x_d,k} \cdot (\vec{v})_k \qquad (6.17)$$

berechnet, so bleiben alle Kerne bis auf $\mathbb{T}_i$ von $\mathbb{T}$ unverändert. $\mathbb{T}_i$ hingegegen wird durch einen Tensor, der die Elemente des Vektors $\vec{v}$ enthält, ersetzt. Die Idee ist nun, das Funktional J nicht direkt für den ganzen Tensor $\mathbb{T}$ zu optimieren, sondern anfangs einen Tensor zufällig zu wählen und diesen dann Kern für Kern zu optimieren. Dies geschieht genau, indem nicht das Funktional selbst, sondern die Verknüpfung aus J und dem Retraktionsoperator $\mathbb{Q}_i$ betrachtet wird. Dadurch, dass alle Kerne von $\mathbb{Q}_i$ bis auf den i-ten Kern mit den Kernen von $\mathbb{T}$ übereinstimmen, liefert diese Verknüpfung eine Gleichung für den i-ten Kern:

$$(J \circ \mathbb{Q}_i)(\vec{v}) = \frac{1}{2}\vec{v}^T \mathbb{Q}_i^T \mathbb{A} \mathbb{Q}_i \vec{v} - \vec{v}^T \mathbb{Q}_i^T \mathbb{U}. \qquad (6.18)$$

Die Minimalstelle dieses Funktionals lässt sich über die Ableitung

$$\nabla (J \circ \mathbb{Q}_i)(\vec{v}) = \mathbb{Q}_i^T \mathbb{A} \mathbb{Q}_i \vec{v} - \mathbb{Q}_i^T \mathbb{U} = \vec{0} \in \mathbb{R}^{r_{i-1} n_i r_i} \qquad (6.19)$$

bestimmen. Da der Tensortrain von $\mathbb{T}$ und $\mathbb{U}$ eine Summe von Vektoren und der Tensortrain von $\mathbb{A}$ eine Summe von Matrizen ist, verhält sich das Produkt $\mathbb{Q}_i^T \mathbb{A} \mathbb{Q}_i$ für jeden Kern außer den i-ten wie ein Produkt aus einem transponierten Vektor mit einer Matrix und einem weiteren Vektor. Das Ergebnis ist also ein Skalar. Analog verhält sich $\mathbb{Q}_i^T \mathbb{U}$ wie ein Produkt eines transponierten Vektors mit einem weiteren Vektor, das Ergebnis ist also für jeden außer den i-ten Kern ein Skalar. Da der i-te Kern in $\mathbb{Q}_i$ allerdings durch einen Tensor mit einer um 1 höheren Ordnung ersetzt wurde, verhält sich für den i-ten Kern das Produkt $\mathbb{Q}_i^T \mathbb{A} \mathbb{Q}_i$ wie eine Multiplikation dreier Matrizen und das Produkt $\mathbb{Q}_i^T \mathbb{U}$ wie eine Multiplikation einer Matrix mit einem Vektor. Die obige Gleichung reduziert sich also zu einem linearen Gleichungssystem für $\vec{v} \in \mathbb{R}^{r_{i-1} n_i r_i}$

$$A_i \vec{v} - u_i = \vec{0} \qquad (6.20)$$

mit der Matrix $A_i = \mathbb{Q}_i^T \mathbb{A} \mathbb{Q}_i \in \mathbb{R}^{(r_{i-1} n_i r_i) \times (r_{i-1} n_i r_i)}$ und dem Vektor $u_i = \mathbb{Q}_i^T \mathbb{U} \mathbb{R}^{r_{i-1} n_i r_i}$. Dies ist ein normales lineares Gleichungssystem mit niedrigerer Dimension als (6.11), das mit normalen Algorithmen gelöst werden kann. Das

Ergebnis kann nun in $\langle \mathbb{Q}_i, \vec{v} \rangle$ verwendet werden, um den nächsten Tensor $\mathbb{T}'$ zu berechnen. Dadurch wurde der i-te Kern optimiert. Um nun den ganzen Tensor $\mathbb{T}$ zu optimieren, werden iterativ die $\mathbb{Q}_i$ berechnet und der i-te Kern jeweils erneuert. Der ALS-Algorithmus nutzt also in besonderer Weise aus, dass die auftretenden Tensoren in dem Tensortrain-Format dargestellt werden. In der obigen Erklärung wurde verwendet, dass der Tensor $\mathbb{A}$ symmetrisch und positiv definit ist. Im Allgeinen wird der Tensor $\mathbb{A}$ dies nicht erfüllen. Wie in der Arbeit [7] von Gelß festgestellt wurde, liefert der ALS-Algorithmus dennoch auch gute Approximationen für beliebige Tensoren $\mathbb{A}$.

Im folgenden Kapitel wird nun die Theorie der chemischen Reaktionsnetzwerke kurz erläutert. In diesen Netzwerken wird beschrieben, wie verschiedene Molekülsorten miteinander reagieren. Die zeitliche Entwicklung ist dabei durch eine Differentialgleichung gegeben, die durch das numerische implizite Euler-Verfahren auf ein lineares Gleichungssystem zurückgeführt werden kann. Werden die auftretenden Größen durch Tensoren ausgedrückt, so kann für dieses System der ALS-Algorithmus verwendet werden. Im Anschluss wird dieser Formalismus auf ein System aus zwei Links mit Multiplexverfahren angewendet.

6.2 Chemische Reaktionsnetzwerke

Die Darstellung des Modells einer Repeaterkette mit Multiplexverfahren lehnt sich an die Formulierung von chemischen Reaktionsnetzwerken (CRN) an. Zunächst werden nun einige Grundbegriffe für CRN eingeführt. Für eine ausführlichere Einführung in dieses Thema sei auf das Buch von Martin Feinberg [6] verwiesen.

6.2.1 Grundbegriffe in CRN

CRN beschreiben chemische Reaktionen zwischen verschiedenen Molekülsorten S_i. Gibt es d verschiedene Molekülsorten und bezeichnet x_i die Anzahl der Moleküle der Sorte S_i, so bezeichnet $X = (x_1, \ldots, x_d) \in \{0, \ldots, n\}^d$ den aktuellen Zustand des Systems. In diesem Zustand beschreiben die *Reaktionen* bzw. *Reaktionsgleichungen*

$$R_\mu : r_\mu(1)S_1 + \cdots + r_\mu(d)S_d \;\rightarrow\; p_\mu(1)S_1 + \cdots + p_\mu(d)S_d, \quad a_\mu(X),$$

$$(6.21)$$

welche chemischen Reaktionen nun auftreten können. Die Vektoren r_μ und $p_\mu \in \mathbb{N}_0^d$ beschreiben dabei die Anzahl der an der Reaktion beteiligten Moleküle. Findet z. B. die Reaktion

$$R \ : A + 2B \ \rightarrow \ C, \qquad\qquad a(X) \qquad\qquad (6.22)$$

statt, so reagieren ein Molekül der Sorte A und zwei Moleküle der Sorte B zu einem Molekül der Sorte C.

Die Funktionen $a_\mu(X)$ sind die *Reaktionsgeschwindigkeiten*. Sie hängen sowohl von der Wahrscheinlichkeit ab, dass eine bestimmte Reaktion abläuft, als auch von der Anzahl, wie oft die an der Reaktion beteiligten Moleküle im aktuellen Zustand vorliegen. Reagiert z. B. je ein Molekül der Sorte A und B mit Wahrscheinlichkeit p miteinander zu einem Molekül der Sorte C, so wird diese Reaktion umso häufiger ablaufen, je größer die Anzahl x_A und x_B der beiden Moleküle ist. Die Geschwindigkeit dieser Reaktion setzt sich also aus den drei Faktoren zusammen. Die Reaktionsgleichung lautet damit

$$R \ : A + B \ \rightarrow \ C, \qquad\qquad a(X) = x_A \cdot x_B \cdot p. \qquad (6.23)$$

Findet in dem System nun die Reaktion R_μ statt, so ändert sich die Anzahl der jeweils vorliegenden Moleküle gemäß der *Nettoänderung*

$$\xi_\mu = p_\mu - r_\mu. \qquad\qquad (6.24)$$

Genau wie p_μ und r_μ ist $\xi_\mu \in \mathbb{N}_0^d$ ein d-dimensionaler Vektor.

Mit diesen Reaktionen lässt sich nun die Wahrscheinlichkeit $P(X, t)$ beschreiben, dass sich das System zum Zeitpunkt t im Zustand X befindet. Dazu wird die zeitliche Änderung der Wahrscheinlichkeit betrachtet. Die Wahrscheinlichkeit kann sich nur ändern, wenn eine der Reaktionen R_μ abläuft. Befand sich das System zuvor im Zustand $X - \xi_\mu$, so kann es durch die Reaktion R_μ mit der Geschwindigkeit $a_\mu(X - \xi_\mu)$ in den Zustand X übergehen. Dies liefert also einen positiven Beitrag zur Änderung der Wahrscheinlichkeit $P(X, t)$. Gleichzeitig verringert sich die Wahrscheinlichkeit für den Zustand X, falls die Reaktion $R_{\mu'}$ mit Geschwindigkeit $a_{\mu'}(X)$ auftritt. Insgesamt ergibt sich also für die zeitliche Änderung der Wahrscheinlichkeit

$$\frac{\partial}{\partial t} P(X, t) = \sum_\mu \left[a_\mu(X - \xi_\mu) P(X - \xi_\mu, t) - a_\mu(X) P(X, t) \right]. \qquad (6.25)$$

Dies ist eine gewöhnliche Differentialgleichung (DGL) 1. Ordnung. Im nächsten Abschnitt wird die obige DGL nun für Tensoren hergeleitet, ehe das zur numerischen Lösung der DGL verwendete implizite Eulerverfahren vorgestellt wird.

6.2.2 CRN mit Tensoren

Die im letzten Abschnitt zur Beschreibung eines CRN auftretenden Größen $P(X, t)$ und $a_\mu(X)$ hängen (neben der Zeit t) von den d Variablen $X = (x_1, \ldots, x_d) \in \{0, \ldots, n\}^d$ ab. Die einzelnen Werte dieser Größen können daher als Einträge eines Tensors d-ter Ordnung aufgefasst werden. In diesem Abschnitt wird nun für diese Tensoren eine zu Gleichung (6.25) analoge Differentialgleichung hergeleitet.

Die Wahrscheinlichkeitsverteilung $P(X, t)$ hängt von den d Variablen $X = (x_1, \ldots, x_d) \in \{0, \ldots, n\}^d$ ab. Sie kann daher als Eintrag des Tensors $\mathbb{P}(t)$ aufgefasst werden, der d-ter Ordnung ist. Dabei ist zu beachten, dass die Anzahl der Moleküle x_i zwar den Wert 0 annehmen kann, die Einträge der Tensoren aber von 1 an gezählt werden. Für eine direkte Umrechung der beiden Größen ist also eine Indexverschiebung

$$P(X, t) = (\mathbb{P}(t))_{x_1+1, \ldots, x_d+1} \tag{6.26}$$

nötig. Analog können auch die Reaktionsgeschwindigkeiten $a_\mu(X)$ als Einträge des Tensors $\mathbb{a}_\mu$ betrachtet werden:

$$a_\mu(X) = (\mathbb{a}_\mu)_{x_1+1, \ldots, x_d+1}. \tag{6.27}$$

Da hier nur Geschwindigkeiten von Reaktionen betrachtet werden, die sich als Produkt

$$a_\mu(x_1, \ldots, x_d) = f_1(x_1) \cdots f_d(x_d) = (\mathbb{a}_\mu)_{x_1+1, \ldots, x_d+1} \tag{6.28}$$

schreiben lassen, kann $\mathbb{a}_\mu$ durch das Tensorprodukt

$$\mathbb{a}_\mu = \begin{pmatrix} f_1(1) \\ \vdots \\ f_1(n+1) \end{pmatrix} \otimes \cdots \otimes \begin{pmatrix} f_d(1) \\ \vdots \\ f_d(n+1) \end{pmatrix} \tag{6.29}$$

vereinfacht dargestellt werden.

Um die DGL (6.25) nun mit diesen Tensoren zu formulieren, werden zunächst einige Hilfstensoren definiert. Um die Differenz $X - \xi_\mu$ für die Tensoren auszudrücken, werden die *Verschiebetensoren*

$$\mathbb{G}_\mu = G_1(-\xi_\mu(1)) \otimes \cdots \otimes G_d(-\xi_\mu(d)) \tag{6.30}$$

mit den Matrizen

$$(G_i(k))_{x,y} = \delta_{y-x,k} \tag{6.31}$$

verwendet. Die drei Fälle $k = 1$, $k = -1$ und $k = 0$ treten später wieder auf und werden deshalb hier angegeben. Für $k = 1$ ergibt sich

$$G_i(1) = \begin{pmatrix} 0 & 1 & 0 & \dots & 0 \\ & \ddots & \ddots & \ddots & \vdots \\ \vdots & & \ddots & \ddots & 0 \\ & & & \ddots & 1 \\ 0 & & \dots & & 0 \end{pmatrix} =: G^\uparrow. \tag{6.32}$$

Die Benennung $G^\uparrow$ erfolgt hier, da diese Matrix die Einträge eines Vektors $\vec{v}$ bei der Multiplikation $G^\uparrow \vec{v}$ um einen Eintrag nach oben verschiebt. Der letzte Eintrag lautet dann 0. Die Matrix $G_i(-1)$ entspricht der transponierten Matrix $G_i(1)$

$$G_i(-1) = G_i(1)^T =: G^\downarrow. \tag{6.33}$$

Analog zu $G^\uparrow$ verschiebt $G^\downarrow$ bei Multiplikation mit einem Vektor dessen Einträge um einen Eintrag nach unten und der erste Eintrag wird zu 0. Für den Fall $k = 0$ entspricht $G_i(k)$ der Einheitsmatrix

$$G_i(0) = \mathbb{1}. \tag{6.34}$$

Ändert sich also durch die Reaktionen R_μ die Anzahl der beteiligten Moleküle nur um 1 oder -1, so bestehen die Tensoren $\mathbb{G}_\mu$ nur aus Kombinationen von $G^\uparrow$, $G^\downarrow$ und $\mathbb{1}$.

Außerdem lässt sich der Tensor $\mathbb{a}_\mu$ als Tensorprodukt von Matrizen anstelle der Vektoren schreiben, indem die Diagonalformen der einzelnen Vektoren betrachtet werden

$$\mathrm{diag}(a_\mu) = \begin{pmatrix} f_1(1) & & 0 \\ & \ddots & \\ 0 & & f_1(n+1) \end{pmatrix} \otimes \cdots \otimes \begin{pmatrix} f_d(1) & & 0 \\ & \ddots & \\ 0 & & f_d(n+1) \end{pmatrix}. \quad (6.35)$$

Damit lässt sich der in Gleichung (6.25) auftretende Term $a_\mu(X)P(X,t)$ durch die Tensoren als

$$a_\mu(X)P(X,t) = \left(\mathrm{diag}(a_\mu) \cdot \mathbb{P}(t) \right)_{x_1+1,\ldots,x_d+1} \quad (6.36)$$

ausdrücken. Der Term $a_\mu(X - \xi_\mu)P(X - \xi_\mu, t)$ ergibt sich analog, allerdings muss hier die Verschiebung um ξ_μ berücksichtigt werden. Diese Verschiebung wird gerade durch den Verschiebetensor G_μ ausgedrückt, d. h. es gilt

$$a_\mu(X - \xi_\mu)P(X - \xi_\mu, t) = \left(G_\mu \cdot \mathrm{diag}(a_\mu) \cdot \mathbb{P}(t) \right)_{x_1+1,\ldots,x_d+1}. \quad (6.37)$$

Damit lässt sich Gleichung (6.25) als

$$\frac{\partial}{\partial t}\mathbb{P}(t) = \left(\sum_\mu (G_\mu - I) \cdot \mathrm{diag}(a_\mu) \right) \cdot \mathbb{P}(t) =: \mathbb{A} \cdot \mathbb{P}(t) \quad (6.38)$$

für den Tensor $\mathbb{P}(t)$ formulieren. Der entscheidende Vorteil dieser Darstellung liegt in dem Tensortrain-Format für Tensoren. Handelt es sich bei den oben betrachteten Reaktionen lediglich um Reaktionen zwischen „benachbarten" Molekülsorten (Nächste-Nachbar-Wechselwirkung), d. h. reagieren jeweils nur Molekülsorten S_i und S_j mit $i \in \{j - 1, j, j + 1\}$, so vereinfacht sich der Tensor $\mathbb{A}$ im Tensortrain-Format.

Um die DGL (6.38) nun numerisch zu lösen, kann das implizite Eulerverfahren verwendet werden. Dieses Verfahren wird im nächsten Abschnitt kurz vorgestellt.

6.2.3 Das implizite Eulerverfahren

Da die Wahrscheinlichkeitsverteilung der einzelnen Zustände in einer Repeaterkette mit Multiplexverfahren durch eine DGL beschrieben wird, ist zur numerischen Berechnung ein Verfahren zur Berechnung von DGLs zu wählen. Das hier verwendete Verfahren ist das *implizite Eulerverfahren*, das auch in der Arbeit von Gelß [7] Verwendung findet. Für eine nähere Beschreibung dieses Verfahrens sei auf das Buch von Plato [21] verwiesen. Die wesentlichen Punkte werden hier kurz wiedergegeben. Das implizite Eulerverfahren wird für Differentialgleichungen der Form

$$\dot{x}(t) = f(t, x), \quad x(t_0) = x_0 \qquad (6.39)$$

genutzt. Zur numerischen Lösung dieses Problems werden von t_0 ausgehend mit einer gewissen *Schrittweite* $h > 0$ die Zeitpunkte

$$t_k = t_0 + kh, \quad k = 0, 1, 2, \ldots \qquad (6.40)$$

betrachtet. Um die Funktion x an der Stelle t_{k+1} näherungsweise zu bestimmen, wird nun

$$x(t_{k+1}) \approx x_{k+1} = x_k + hf(t_{k+1}, x_{k+1}) \qquad (6.41)$$

berechnet. Anschaulich folgt diese Gleichung aus der Bildung des Differenzenquotienten

$$\dot{x}(t) = f(t, x) = \lim_{h \to 0} \frac{x(t + h) - x(t)}{h}. \qquad (6.42)$$

Der Funktionswert $f(t, x)$ kann auf dem Intervall $[t_k, t_{k+t}]$ durch den Wert am rechten Rand $f(t, x) \approx f(t_{k+1}, x(t_{k+1}))$ genähert werden. Da $t_{k+1} = t_k + h$ gilt, folgt für kleine Werte von h damit

$$f(t_{k+1}, x(t_{k+1})) \approx \frac{x(t_{k+1}) - x(t_k)}{h}. \qquad (6.43)$$

Mit der Näherung $x_{k+1} \approx x(t_{k+1})$ folgt dann direkt Gleichung (6.41).

Anschaulich wird zur Berechnung des nächsten Funktionswertes x_{k+1} eine Gerade durch den aktuellen Funktionswert x_k mit der Steigung $f(t_{k+1}, x_{k+1})$, d. h. der Steigung an der auszurechnenden Stelle t_{k+1}, gelegt und der Wert dieser Geraden an der Stelle t_{k+1} berechnet. Das Verfahren heißt daher implizit, da der zu berechnende Wert x_{k+1} auch in der zur Berechnung verwendeten Steigung auftaucht. Die Gleichung (6.41) wird also im Allgemeinen nicht einfach nach x_{k+1} aufzulösen sein. Im hier betrachteten Fall ist die zu lösende Gleichung (6.38) jedoch eine lineare Gleichung, die durch ein lineares Gleichungssystem gelöst werden kann.

Neben dem impliziten Eulerverfahren existiert zur Lösung einer DGL auch das explizite Eulerverfahren, das sich nur in dem Punkt unterscheidet, dass der

Funktionswert $f(t, x)$ auf dem Intervall $[t_k, t_{k+t}]$ durch den Wert am linken Rand $f(t, x) \approx f(t_k, x(t_k))$ genähert wird. Dieser Unterschied sorgt allerdings für ein schlechteres Konvergenzverhalten des Verfahrens. Anschaulich wird in diesem Fall die Gerade allein durch den Wert x_k und die Steigung $f(t_k, x_k)$ in diesem Punkt bestimmt. Wird die Schrittweite h nun zu weit gewählt, so weicht die Gerade möglicherweise stark von dem weiteren Verlauf der Funktion ab. Bei dem impliziten Eulerverfahren wird dies durch die Einbindung der Steigung am nächsten betrachteten Punkt verhindert. Das implizite Eulerverfahren ist also unempfindlicher gegenüber zu groß gewählter Schrittweiten h und damit stabiler.

Im nächsten Abschnitt wird nun der Formalismus der CRN auf zwei Verbindungen mit Multiplexverfahren angewendet und die resultierende DGL mit dem impliziten Eulerverfahren gelöst.

6.3 Berechnungen mit Tensortrains

Im Folgenden werden die obigen Aussagen auf eine einfache Repeaterkette aus zwei Links angewendet, die jedoch durch das Multiplexverfahren je n Verbindungen zwischen Alice und dem Repeater und Bob und dem Repeater besitzen. Eine schematische Darstellung dieser Repeaterkette ist in Abb. 2.3 zu sehen. Diese Repeaterkette wird nun als CRN modelliert. Die Zustände oder „Molekülsorten" sind hierbei die verwendeten Speicher. Sowohl Alice als auch Bob haben ihren Speicher A bzw. B, in dem je n Qubits gespeichert werden können. Der Repeater besitzt sowohl den Speicher A_R für die Qubits von Alices Links sowie den Speicher B_R für die Qubits von Bobs Links. Eine schematische Darstellung dieser Zustände ist in Abbildung 6.1 zu sehen. Als Bezeichnung wird nun $(S_1, S_2, S_3, S_4, S_5) = (A, A_R, B_R, B, K)$ festgelegt. Das System ist also von Dimension $d = 5$. Die möglichen Zustände des System sind dann durch

$$(x_1, \ldots, x_5) \in \{0, \ldots, M\}^5 \tag{6.44}$$

mit $M = n + 1$ gegeben.

Die „Reaktionen", die nun ablaufen können, sind die folgenden:

Linkerzeugung: Wird ein Link auf Alices Seite erzeugt, so wird jeweils ein Qubit in Alices Speicher A und ein Qubit in dem Speicher des Repeaters A_R gespeichert. Die Anzahl der gespeicherten Links erhöht sich dabei um 1. Ein Link kann dabei nur dann erzeugt werden, wenn Alice noch Speicherkapazitäten besitzt,

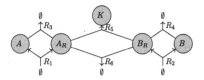

Abbildung 6.1 Modellierung eines Netzwerks aus zwei Links im Multiplexverfahren; als Zustände werden die Speicher auf Alices Seite A, auf Bobs Seite B sowie die zwei Speicher des Repeaters R_A und R_B (je auf Alices und Bobs Seite) betrachtet; zusätzlich zählt der Zustand K die Anzahl der nach Verschränkungsaustausch verbundenen langen Links; die Linkerzeugung und der Linkzerfall (R_1 und R_3 auf Alices Seite und R_2 und R_4 auf Bobs Seite) erhöhen bzw. verringern die Anzahl der gespeicherten Qubits in den angrenzenden Speichern; ein erfolgreicher Verschränkungsaustausch (R_5) verbindet die Qubits in A_R und B_R; ein nicht erfolgreicher Austausch führt jedoch zu einem Zerfall

wenn also die Anzahl der in A gespeicherten Qubits geringer ist als n. Analog gilt dies auf Bobs Seite.

Linkzerfall: Zerfällt ein Link auf Alices Seite, so geht ein Qubit in Alices Speicher A und ein Qubit in dem Speicher des Repeaters A_R verloren. Die Anzahl der gespeicherten Qubits verringert sich also um 1. Dabei kann nur dann ein Link zerfallen, wenn mindestens ein Link vorhanden war, d. h., wenn mindestens ein Qubit in A_R gespeichert ist. Zudem wird der Zerfall eines Links wahrscheinlicher, je mehr Links gespeichert sind. Analog gilt dies auf Bobs Seite.

Verschränkungsaustausch: Wird ein Verschränkungsaustausch erfolgreich durchgeführt, so bleibt das Qubit in Alices Speicher A und in Bobs Speicher B erhalten. Die Qubits im Speicher des Repeaters werden jedoch nicht mehr benötigt. Stattdessen erhöht sich die Anzahl der vollständigen Verbindungen in K um 1. Schlägt der Verschränkungsaustausch jedoch fehl, so werden beide aufgebauten Links zerstört und alle zugehörigen Qubits gehen verloren. Damit verringert sich die Anzahl der gespeicherten Qubits in A, A_R, B und B_R um jeweils 1. In beiden Fällen kann ein Verschränkungsaustausch nur dann versucht werden, wenn mindestens ein freier Link auf jeder Seite vorliegt, wenn also in A_R und B_R mindestens ein Qubit gespeichert ist. Zudem erhöht sich die Wahrscheinlichkeit, einen Verschränkungsaustausch zu versuchen, wenn mehr Links auf Alices und/oder Bobs Seite gespeichert sind.

Der wichtigste Unterschied zu den in den letzten Kapiteln betrachteten Modellen ist die Tatsache, dass nun keine diskrete Zeiteinteilung mehr vorliegt. Die Links werden also nicht geometrisch verteilt, sondern exponentialverteilt erzeugt. Die untere Schranke an die Wartezeit ändert sich daher auch. Sie ist analog zu der

Schranke in Gleichung (3.59) durch das Maximum der einzelnen Wartezeiten für den ersten kurzen Link gegeben. Nach Behauptung 3.3.3 gilt damit

$$\mathbb{E}\left[Z_n(p_\downarrow)\right] \geq \frac{3}{2}\frac{1}{p_\uparrow}. \tag{6.45}$$

Der Zusammenhang in Gleichung (3.53) zwischen der Wartezeit Z, bis ein Verschränkungsaustausch versucht wird, und der Wartezeit T, bis tatsächlich ein Verschränkungsaustausch erfolgreich war und ein langer verschränkter Link erzeugt wurde, bleibt hingegen bestehen. In der Herleitung dieses Zusammenhangs wurde die Verteilung von Z nirgends genutzt.

Da in einem Kanal mit Multiplexverfahren auch mehr als ein langer verschränkter Link erzeugt werden kann, sei zudem angemerkt, dass das obige Modell den Zerfall langer Links nicht berücksichtigt. Ein einmal erzeugter langer verschränkter Link zwischen Alice und Bob bleibt in diesem Modell unendlich lange bestehen.

Die Gleichungen für die möglichen Reaktionen lauten nun:

$$R_1 : \emptyset \to A + A_R, \qquad a_1(X) = p_\uparrow(1 - \delta_{x_1 M}), \tag{6.46}$$

$$R_2 : \emptyset \to B + B_R, \qquad a_2(X) = p_\uparrow(1 - \delta_{x_4 M}), \tag{6.47}$$

$$R_3 : A + A_R \to \emptyset, \qquad a_3(X) = p_\downarrow(x_2 - 1), \tag{6.48}$$

$$R_4 : B + B_R \to \emptyset, \qquad a_4(X) = p_\downarrow(x_3 - 1), \tag{6.49}$$

$$R_5 : A_R + B_R \to K, \qquad a_5(X) = p_{VA}(x_2 - 1)(x_3 - 1) \quad \text{und} \tag{6.50}$$

$$R_6 : A + A_R + B + B_R \to \emptyset, \quad a_6(X) = (1 - p_{VA})(x_2 - 1)(x_3 - 1). \tag{6.51}$$

Bei jeder dieser Reaktionen ändert sich die Anzahl der in einem Speicher gespeicherten Qubits höchstens um 1. Bei der Linkentstehung R_1 z. B. erhöht sich die Zahl in $S_1 = A$ und $S_2 = A_R$ um jeweils 1, beim Linkzerfall R_3 verringert er sich um 1. Für die 6 Reaktionen ergeben sich damit Nettoänderungen von

$$\xi_1 = (1, 1, 0, 0, 0), \tag{6.52}$$

$$\xi_2 = (0, 0, 1, 1, 0), \tag{6.53}$$

$$\xi_3 = (-1, -1, 0, 0, 0), \tag{6.54}$$

$$\xi_4 = (0, 0, -1, -1, 0), \tag{6.55}$$

$$\xi_5 = (0, -1, -1, 0, 1) \quad \text{und} \tag{6.56}$$

$$\xi_6 = (-1, -1, -1, -1, 0). \tag{6.57}$$

Aus diesen Nettoänderungen ergeben sich nach Gleichung (6.30) die Verschiebetensoren

$$G_1 = G^\downarrow \otimes G^\downarrow \otimes \mathbb{1} \otimes \mathbb{1} \otimes \mathbb{1}, \tag{6.58}$$

$$G_2 = \mathbb{1} \otimes \mathbb{1} \otimes G^\downarrow \otimes G^\downarrow \otimes \mathbb{1}, \tag{6.59}$$

$$G_3 = G^\uparrow \otimes G^\uparrow \otimes \mathbb{1} \otimes \mathbb{1} \otimes \mathbb{1}, \tag{6.60}$$

$$G_4 = \mathbb{1} \otimes \mathbb{1} \otimes G^\uparrow \otimes G^\uparrow \otimes \mathbb{1}, \tag{6.61}$$

$$G_5 = \mathbb{1} \otimes G^\uparrow \otimes G^\uparrow \otimes \mathbb{1} \otimes G^\downarrow \quad \text{und} \tag{6.62}$$

$$G_6 = G^\uparrow \otimes G^\uparrow \otimes G^\uparrow \otimes G^\uparrow \otimes \mathbb{1}. \tag{6.63}$$

Die Reaktionsgeschwindigkeiten lassen sich nach Gleichung (6.35) ebenfalls als Tensoren formulieren. Dazu werden die Matrizen

$$F = \text{diag}(1, \ldots, 1, 0) \quad \text{und} \quad D = \text{diag}(0, 1, \ldots, M-1) \tag{6.64}$$

definiert, die zum einen die Prüfung, ob die beteiligten Speicher schon voll sind (R_1 und R_2), und zum anderen den Anstieg der Wahrscheinlichkeit mit einer größeren Zahl von vorhandenen Links ausdrücken. Mit diesen Matrizen ergeben sich die Reaktionsgeschwindigkeiten direkt zu:

$$\text{diag}(a_1) = p_\uparrow \cdot F \otimes \mathbb{1} \otimes \mathbb{1} \otimes \mathbb{1} \otimes \mathbb{1}, \tag{6.65}$$

$$\text{diag}(a_2) = p_\uparrow \cdot \mathbb{1} \otimes \mathbb{1} \otimes \mathbb{1} \otimes F \otimes \mathbb{1}, \tag{6.66}$$

$$\text{diag}(a_3) = p_\downarrow \cdot \mathbb{1} \otimes D \otimes \mathbb{1} \otimes \mathbb{1} \otimes \mathbb{1}, \tag{6.67}$$

$$\text{diag}(a_4) = p_\downarrow \cdot \mathbb{1} \otimes \mathbb{1} \otimes D \otimes \mathbb{1} \otimes \mathbb{1}, \tag{6.68}$$

$$\text{diag}(a_5) = p_{\text{VA}} \cdot \mathbb{1} \otimes D \otimes D \otimes \mathbb{1} \otimes \mathbb{1} \quad \text{und} \tag{6.69}$$

$$\text{diag}(a_6) = (1 - p_{\text{VA}}) \cdot \mathbb{1} \otimes D \otimes D \otimes \mathbb{1} \otimes \mathbb{1}. \tag{6.70}$$

Dies alles kann nun in die Gleichung (6.38) eingesetzt und

$$\mathbb{A} = \left(\sum_{\mu=1}^{6} (G_\mu - I) \cdot \text{diag}(a_\mu) \right) \tag{6.71}$$

berechnet werden. Damit ergibt sich also eine DGL der Form

$$\frac{\partial}{\partial t} \mathbb{P}(t) = A \cdot \mathbb{P}(t). \tag{6.72}$$

Diese Gleichung kann mithilfe des impliziten Eulerverfahrens nun numerisch gelöst werden. Die Funktion $x(t)$ entspricht hier $\mathbb{P}(t)$ und die Abbildung $f(x, t)$ ist durch $A \cdot \mathbb{P}(t)$ gegeben. Die Gleichung (6.41) wird damit zu

$$\mathbb{P}(t_{k+1}) = \mathbb{P}(t_k) + hA\mathbb{P}(t_{k+1})$$
$$\Leftrightarrow (\mathbb{1} - hA)\mathbb{P}(t_{k+1}) = \mathbb{P}(t_k). \tag{6.73}$$

Dies entspricht gerade einem linearen Gleichungssystem für $\mathbb{P}(t_{k+1})$. Dieses kann mit dem ALS-Verfahren gelöst werden. Die Anfangsverteilung $\mathbb{P}(0)$ ist durch

$$\mathbb{P}(0) = \begin{pmatrix} 1 \\ 0 \\ \vdots \\ 0 \end{pmatrix} \otimes \begin{pmatrix} 1 \\ 0 \\ \vdots \\ 0 \end{pmatrix} \otimes \begin{pmatrix} 1 \\ 0 \\ \vdots \\ 0 \end{pmatrix} \otimes \begin{pmatrix} 1 \\ 0 \\ \vdots \\ 0 \end{pmatrix} \otimes \begin{pmatrix} 1 \\ 0 \\ \vdots \\ 0 \end{pmatrix} \tag{6.74}$$

gegeben. Dies entspricht genau dem Fall, in dem alle Speicher leer sind und kein einziger Link existiert.

Um nun die Gleichung

$$(\mathbb{1} - hA)\mathbb{P}(t_{k+1}) = \mathbb{P}(t_k) \tag{6.75}$$

zu lösen, wurde das Programm Matlab [22] mit der Toolbox von Ivan Oseledets et al. [23] verwendet. Für den Schritt des ALS-Verfahrens wurde der dort implementierte Algorithmus `alstpz_solve` verwendet. In Abbildung 6.2 ist eine Wahrscheinlichkeitsverteilung dargestellt, die dieses Verfahren für je $n = 3$ Verbindungen auf Alices und Bobs Seite liefert. Es wurde eine Erzeugungswahrscheinlichkeit von $p_\uparrow = 0.01$ und eine Zerfallswahrscheinlichkeit von $p_\downarrow = 0$ gewählt. Der Quantenspeicher ist also perfekt. Die Wahrscheinlichkeit, dass der Verschränkungsaustausch erfolgreich ist, wird mit $p_{VA} = 0.5$ angegeben, es gelingt also durchschnittlich jeder zweite Verschränkungsaustausch.

Aus der Wahrscheinlichkeitsverteilung $\mathbb{P}(t)$ kann nun nach Lemma 3.1.2 auch der Erwartungswert $\mathbb{E}[T]$ für die Existenz mindestens eines langen verschränkten Links von Alice zu Bob berechnet werden. Dies ist in Abbildung 6.3 für verschiedene Werte von $p_\uparrow = 0.005 \ldots 0.015$ und $p_{VA} = 0.4 \ldots 0.6$ dargestellt. Stellt sich nun die Frage, welche dieser beiden Größen optimiert werden soll, um eine kürzere Wartezeit zu erzielen, so lässt sich anhand der Höhenlinien festhalten, dass eine

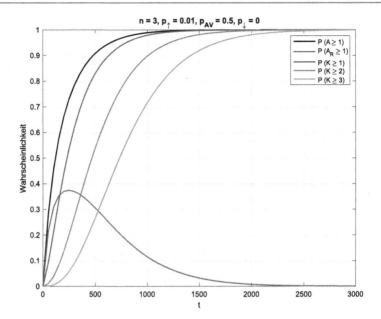

Abbildung 6.2 Beispiel einer Wahrscheinlichkeitsverteilung, die mit dem Tensortrain-Formalismus berechnet wurde, für je $n = 3$ Verbindungen auf Alices und Bobs Seite, eine Erzeugungswahrscheinlichkeit von $p_\uparrow = 0.01$, eine Zerfallswahrscheinlichkeit von $p_\downarrow = 0$ (perfekter Speicher) und eine Wahrscheinlichkeit von $p_{VA} = 0.5$ für einen erfolgreichen Verschränkungsaustausch; dargestellt ist sowohl die Wahrscheinlichkeit, min. einen Speicherplatz in Alices Speicher sowie im Speicher des Repeaters auf Alices Seite zu belegen ($\mathbb{P}\,(A \leq 1)$ bzw. $\mathbb{P}\,(A_R \leq 1)$); während die Wahrscheinlichkeit $\mathbb{P}\,(A \leq 1)$ exponentiell steigt, nimmt $\mathbb{P}\,(A_R \leq 1)$ wieder ab, sobald ein Verschränkungsaustausch wahrscheinlicher erfolgreich stattfindet und die mittleren Speicherplätze durch den Austausch wieder geleert werden; die Wahrscheinlichkeit für min. einen, zwei oder drei lange verbundene Links steigt nacheinander an ($\mathbb{P}\,(K \leq 1)$, $\mathbb{P}\,(K \leq 2)$ bzw. $\mathbb{P}\,(K \leq 3)$)

Verbesserung von $p_\uparrow$ eine wesentlich höhere Verbesserung der Wartezeit nach sich zieht.

Abschließend stellt sich die Frage, wie weit die Verwendung von Tensoren und des ALS-Algorithmus die Berechnungen vereinfacht oder verbessert. Dazu wird der Rechenaufwand der „klassischen" Berechnung mit Matrizen und Vektoren mit dem obigen Formalismus verglichen.

Der Rechenaufwand für den ALS-Algorithmus lässt sich durch $\mathcal{O}(\gamma d r^3 R^2 n^2)$ abschätzen, wobei r der maximale Tensorrang des Tensors $\mathbb{P}(t)$ und R der maximale

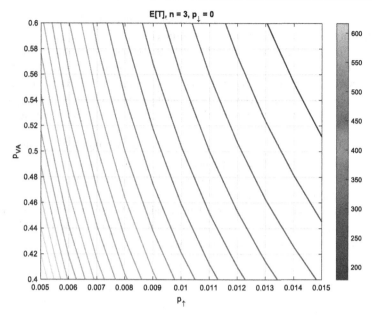

Abbildung 6.3 Erwartungswerte für die Wartezeit, die mit dem Tensortrain-Formalismus berechnet wurde, für je $n = 3$ Verbindungen auf Alices und Bobs Seite und eine Zerfallswahrscheinlichkeit von $p_\downarrow = 0$ (perfekter Speicher) in Abhängigkeit von der Erzeugungswahrscheinlichkeit $p_\uparrow$ und der Wahrscheinlichkeit p_{VA} für einen erfolgreichen Verschränkungsaustausch; eingezeichnet sind die Höhenlinien, die sich aus den berechneten Werten ergeben

Tensorrank des Tensors $\mathbb{A}$ ist [7]. Die Konstante γ resultiert aus der Wahl des Berechnungsverfahrens für die Optimierung der einzelnen Kerne im ALS-Algorithmus. Der entscheidende Punkt ist hier, dass der Rechenaufwand für mehr Verbindungen im Multiplexverfahren lediglich quadratisch in der Anzahl der Verbindungen n wächst. Die anderen auftretenden Größen sind durch die obige Konstruktion unabhängig von der Größe n, im Hinblick auf das Wachstum des Rechenaufwandes also irrelevant.

Die Größe des „Vektors" $P(X, t)$ wächst jedoch mit $N = n^3$. Wird das lineare Gleichungssystem im impliziten Eulerverfahren also klassisch betrachtet, so muss in jedem Schritt ein lineares Gleichungssystem für eine Matrix der Größe $n^3 \times n^3$ und einen Vektor der Größe n^3 gelöst werden. Der Aufwand, ein solches System zu lösen, beträgt $\mathcal{O}(N^2) = \mathcal{O}(n^6)$. Der Rechenaufwand wird also durch das ALS-Verfahren für wachsendes n wesentlich verringert.

Auf einem gewöhnlichen Laptop dauert die Berechnung von Abbildung 6.2 etwa eine Minute. Wird nur die Kurve für die Wahrscheinlichkeit $\mathbb{P}$ ($K \geq 1$) für mindestens einen langen verbundenen Link berechnet, so verkürzt sich die Berechnungszeit auf etwa eine halbe Minute. Die gleiche Rechnung kann für bis zu $n = 5$ Verbindungen im Multiplexverfahren innerhalb von weniger als zwei Minuten durchgeführt werden.

Schon für $n = 5$ zeigt sich der Unterschied in der Rechendauer zwischen der „klassischen" Berechnung und der Berechnung mit Hilfe der Tensoren im Tensortrain-Format. Während die Berechnung der verwendeten Matrix $\mathbb{A}$ für $n = 5$ Verbindungen in beiden Fällen etwa eine Minute in Anspruch nahm, erfolgte die Durchführung des impliziten Eulerverfahrens mit der klassischen Berechnung des linearen Gleichungssystem in etwa 4.5 Minuten. Die Berechnung mit Hilfe der Tensoren im Tensortrain-Format dauerte hingegen nur etwa 40 Sekunden.

Zusammenfassung 7

In der vorliegenden Arbeit wurde der Frage nachgegangen, wie Quantennetzwerke modelliert werden können und wie die Wartezeiten für verschränkte Links in diesen verschiedenen Modellen berechnet werden können. Für Modelle, die eine diskrete Zeitskala und eine endliche Speicherzeit der erzeugten Links verwenden, kann die Wartezeit durch einfache stochastische Überlegungen berechnet werden. Die einzige Näherung, die für mehr als zwei Links gewählt werden muss, besteht darin, alle erzeugten und nicht verwendeten Links gemeinsam mit dem ersten zerfallenden Link zu löschen. Dadurch wird die Wartezeit jedoch nur leicht überschätzt. Die so gewonnenen Ergebnisse können also als obere Schranken an die tatsächliche Wartezeit aufgefasst werden.

Für Modelle, die eine diskrete Zeitskala verwenden und den qualitativen Zerfall der verschränkten Links durch einen geometrischen Prozess darstellen, lässt sich die Wartezeit durch die Verwendung von Markow-Ketten berechnen. Dieses Verfahren kann theoretisch für beliebig viele Verbindungen verwendet werden. Die einzige Einschränkung ist die zur Verfügung stehende Rechenleistung. Dabei zeigt ein graphischer Vergleich der so berechneten Wartezeiten mit den Wartezeiten, die man im Falle eines Speichers mit einer festen Speicherdauer erhält, dass die Wartezeit im ersten Fall leicht erhöht ist.

Im letzten Teil der vorliegenden Arbeit wurde dann eine kontinuierliche Zeitskala verwendet und ein Netzwerk aus zwei Verbindungen im Multiplexverfahren betrachtet. Dieses System wurde ähnlich zu einem chemischen Reaktionsnetzwerk modelliert und durch die Verwendung von Tensortrains gelöst. Dabei wurde gezeigt, dass dieses Vorgehen für eine wesentlich bessere Skalierung der Rechenleistung sorgt als die „klassische" Berechnung mit Matrizen. Für die Modellierung wurden zwei Verbindungen betrachtet, bei denen durch das Multiplexverfahren bis zu n

L. T. Weinbrenner, *Charakterisierung von Wartezeiten in verschiedenen Modellen von Quantennetzwerken*, BestMasters,
https://doi.org/10.1007/978-3-658-43267-6_7

Links aufgebaut werden können. Um die schon aufgebauten Links nicht doppelt zu zählen, wurden dabei fünf verschiedene Zustände für die Modellierung als chemisches Reaktionsnetzwerk verwendet. Es bleibt eine offene Frage, ob die Berechnungen durch die Verwendung von weniger Zuständen vereinfacht werden können, ohne Informationen über das betrachtete System zu verlieren.

Das gezeigte Vorgehen kann genutzt werden, um den Einfluss der verschiedenen Wahrscheinlichkeiten für den Linkaufbau, den Linkzerfall und den Verschränkungsaustausch zu untersuchen. Für einen kleinen Ausschnitt wurde gezeigt, dass bei fest gewählter Wahrscheinlichkeit für den Linkzerfall die Wahrscheinlichkeit für den Linkaufbau einen wesentlich höheren Einfluss auf die Wartezeit hat als die Wahrscheinlichkeit für den Verschränkungsaustausch. Mit dem hier gezeigten Vorgehen lässt sich nun effizient weiter untersuchen, wie andere Kombinationen der Wahrscheinlichkeiten die Wartezeit beeinflussen.

Literaturverzeichnis

1. AZUMA, Koji ; BÄUML, Stefan ; COOPMANS, Tim ; ELKOUSS, David ; LI, Boxi: Tools for quantum network design. In: *AVS Quantum Science* 3 (2021), Nr. 1, S. 014101
2. BRIEGEL, Hans J. ; DÜR, Wolfgang ; CIRAC, Juan I. ; ZOLLER, Peter: Quantum repeaters: the role of imperfect local operations in quantum communication. In: *Physical Review Letters* 81 (1998), Nr. 26, S. 5932
3. COLLINS, O. A. ; JENKINS, S. D. ; KUZMICH, A. ; KENNEDY, T. A. B.: Multiplexed memory-insensitive quantum repeaters. In: *Physical Review Letters* 98 (2007), Nr. 6, S. 060502
4. PRAXMEYER, Ludmiła: Reposition time in probabilistic imperfect memories. In:arXiv preprint arXiv:1309.3407 (2013)
5. SHCHUKIN, Evgeny ; SCHMIDT, Ferdinand ; LOOCK, Peter van: Waiting time in quantum repeaters with probabilistic entanglement swapping. In: *Physical Review A* 100 (2019), Nr. 3, S. 032322
6. FEINBERG, Martin: *Foundations of chemical reaction network theory*. Springer, 2019
7. GELSS, Patrick: *The tensor-train format and its applications: Modeling and analysis of chemical reaction networks, catalytic processes, fluid flows, and Brownian dynamics*, Freie Universität Berlin, Diss., 2017. https://refubium.fu-berlin.de/handle/fub188/3366
8. HEINOSAARI, Teiko ; ZIMAN, Mário: *The mathematical language of quantum theory: from uncertainty to entanglement*. Cambridge University Press, 2011
9. SCHLOSSHAUER, Maximilian A.: *Decoherence: and the quantum-to-classical transition*. Springer Science & Business Media, 2007
10. CUCCHIETTI, Fernando M. ; PAZ, Juan P. ; ZUREK, Wojciech H.: Decoherence from spin environments. In: *Physical Review A* 72 (2005), Nr. 5, S. 052113
11. EKERT, Artur K.: Quantum cryptography based on Bell's theorem. In: *Physical Review Letters* 67 (1991), Nr. 6, S. 661–663
12. BENNETT, Charles H. ; WIESNER, Stephen J.: Communication via one-and two-particle operators on Einstein-Podolsky-Rosen states. In: *Physical Review Letters* 69 (1992), Nr. 20, S. 2881
13. GEORGII, Hans-Otto: *Stochastik: Einführung in die Wahrscheinlichkeitstheorie und Statistik*. De Gruyter, 2015
14. KHATRI, Sumeet ; MATYAS, Corey T. ; SIDDIQUI, Aliza U. ; DOWLING, Jonathan P.: Practical figures of merit and thresholds for entanglement distribution in quantum networks. In: *Physical Review Research* 1 (2019), Nr. 2, S. 023032

© Der/die Herausgeber bzw. der/die Autor(en), exklusiv lizenziert an Springer
Fachmedien Wiesbaden GmbH, ein Teil von Springer Nature 2023
L. T. Weinbrenner, *Charakterisierung von Wartezeiten in verschiedenen Modellen
von Quantennetzwerken*, BestMasters,
https://doi.org/10.1007/978-3-658-43267-6

15. HONERKAMP, Josef: *Stochastische Dynamische Systeme*. VCH, Weinheim, 1990
16. STEWART, William J.: *Probability, Markov chains, queues, and simulation: the mathematical basis of performance modeling*. Princeton University Press, 2009
17. WERNER, Dirk: *Funktionalanalysis*. Springer, 2006
18. MATHEMATICA: *Version 12.0*. Champaign, Illinois : Wolfram Research Inc., 2019
19. KUZNETSOV, Maxim A. ; OSELEDETS, Ivan V.: Tensor train spectral method for learning of hidden Markov models (HMM). In: *Computational Methods in Applied Mathematics* 19 (2019), Nr. 1, S. 93–99
20. HOLTZ, Sebastian ; ROHWEDDER, Thorsten ; SCHNEIDER, Reinhold: The alternating linear scheme for tensor optimization in the tensor train format. In: *SIAM Journal on Scientific Computing* 34 (2012), Nr. 2, S. A683–A713
21. PLATO, Robert: *Numerische Mathematik kompakt*. Springer, 2000
22. MATLAB: *9.7.0.1190202 (R2019b)*. Natick, Massachusetts : The MathWorks Inc., 2019
23. OSELEDETS, Ivan et al.: *TT-Toolbox software*; https://github.com/oseledets

···d in the United States
& Taylor Publisher Services